青少年 科普图书馆

世界科普巨匠经典译丛·第一辑

INTERESTING ALGEBRA

趣味代数学

（苏）别莱利曼／著　杨和胜／译

上海科学普及出版社

图书在版编目（CIP）数据

趣味代数学 / (苏) 别莱利曼著；杨和胜译. – 上海：上海科学普及出版社，2013.10（2022.6 重印）

（世界科普巨匠经典译丛·第一辑）

ISBN 978-7-5427-5826-2

Ⅰ.①趣… Ⅱ.①别… ②杨… Ⅲ.①代数–普及读物 Ⅳ.① O15-49

中国版本图书馆 CIP 数据核字 (2013) 第 173918 号

责任编辑：李　蕾

世界科普巨匠经典译丛·第一辑

趣味代数学

(苏) 别莱利曼 著　杨和胜 译

上海科学普及出版社出版发行

（上海中山北路 832 号 邮编 200070）

http://www.pspsh.com

各地新华书店经销　三河市华晨印务有限公司印刷

开本 787 × 1092　1/12　印张 16　字数 192 000

2013 年 10 月第 1 版　2022 年 6 月第 3 次印刷

ISBN 978-7-5427-5826-2 定价：36.80 元

目录

CONTENTS

第1章 乘方和乘方的应用

第2章 代数语言的相关知识

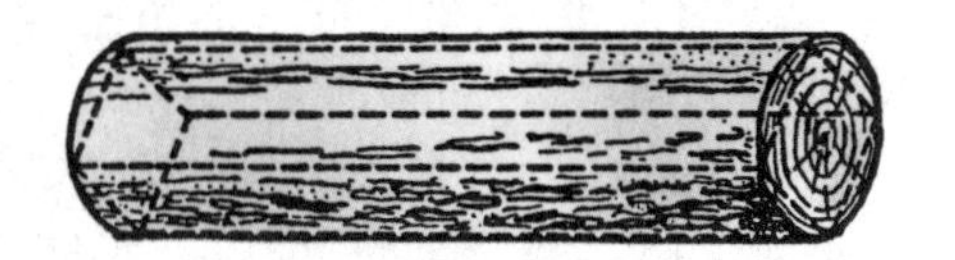

第3章　代数在算术中的应用

第4章　刁藩都方程的应用

第5章 开方

第6章 二次方程的应用

第7章 最大值和最小值的应用

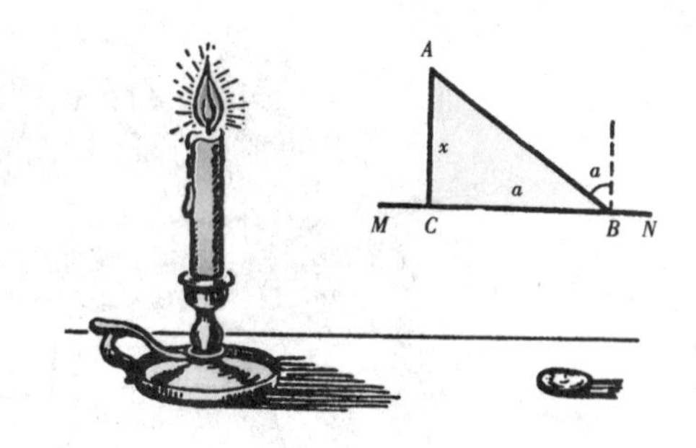

第8章 级数的相关知识

第9章 对数

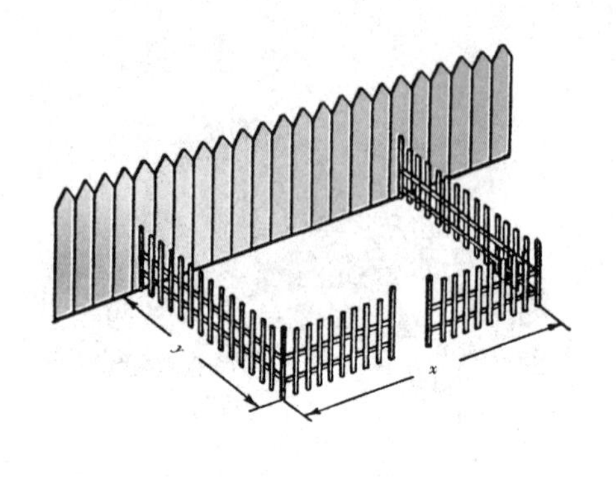

第1章

乘方和乘方的应用

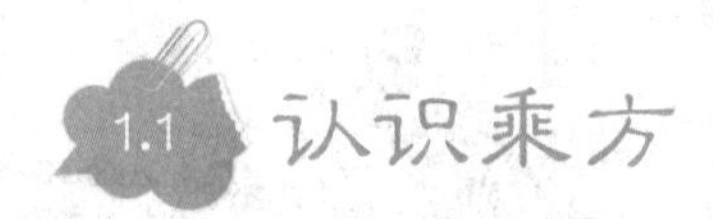

1.1 认识乘方

代数和算术不同，它不仅有加减乘除这四种运算，还有乘方及乘方的两种逆运算。因此，代数又称为“有着七种运算的算术”。

我们的话题就从乘方开始说起。这种运算是怎么产生的呢？毋庸置疑，绝对与我们的实际生活有关。大家想一下，我们在计算面积或者体积的时候，不可避免地会用到平方或者立方（也就是二次方或者三次方）。另外，万有引力、静电作用和磁性作用，以及光和声的强弱都和距离的平方成反比。行星围绕恒星的旋转周期和行星与旋转中心的距离之间也是乘方的关系，即旋转周期的平方和中心距离的立方是正比关系。

通过上面的例子，大家也许会认为，在生活中我们只会用到平方和立方，但事实并非如此。例如，工程师在计算材料的强度时，经常会用到四次方；在计算蒸馏管的直径时，会用到六次方；研究水流的冲击力时，也会使用六次方。假如存在两条河，一条河中水流的速度是另一条河水流速度的3倍，那么，水流较快的河水对河床石头的冲击力就是水流较慢河水的3^6倍，也就是729①倍。

在研究炽热物体（如白炽灯的灯丝）的亮度和温度的关系时，会用到更高次方的乘方。在白热的情况下，物体亮度增加的速度将是温度（这里所说的温度指“绝对温度”，从－273℃算起）增加速度的12次方倍；赤热的情况下，前者是后者的30次方倍。也就是说，如果物体的温度从2 000K升高到4 000K，那么，亮度将是原来的2^{12}倍，即4 000多倍。这种关系在电灯泡的制作过程中有着重要的意义，以后我们将会详细讲解。

---

①有关这方面的详细介绍见《趣味力学》第九章。

1.2 天文学上的数字

宇宙的观察者们在研究天文学时，经常会碰到巨大的数字，这些数字通常被称为“天文数字”，它们只有一位或者两位的有效数字，后面是一大串零，写起来很不方便，尤其在计算的时候。例如，地球到仙女星的距离是：

95 000 000 000 000 000 000千米

在进行天文学方面的计算时，通常不会使用千米这么大的单位，而是用厘米表示两个天体之间的距离。于是，上面的数字就变成了：

9 500 000 000 000 000 000 000 000厘米

恒星的质量写起来更大，尤其是用克来表示的时候。太阳的质量用克来表示是：

1 983 000 000 000 000 000 000 000 000 000 000克

显然，用这么大的数字进行计算不仅麻烦，而且容易出错。况且，还有很多比我们列举的大得多的数字。

因此，引入乘方是十分必要的。因为数字1后面那一大串的零正好是10的某次方。例如：

$100=10^2$，$1\ 000=10^3$，$10\ 000=10^4$，等等。

上面所列举的巨大数字可以转化成下面的形式：

第二个数字95×10^{23}；第三个数字$1\ 983\times10^{30}$

这样做不仅便于书写，计算时也不容易出错。例如，计算第二个数与第三个数的乘积时，先计算出$95\times1\ 983=188\ 385$，再计算$10^{23+30}=10^{53}$就行了，也就是：

$$95\times10^{23}\times1\ 983\times10^{30}=188\ 385\times10^{53}$$

这样，当然比写带着一长串零的数字相乘简单得多，计算也容易，结果的书写也比写53个零要方便，而且不容易出错。因为在书写几十个零的时候，只要少写或者多写一个，结果就是错误的。

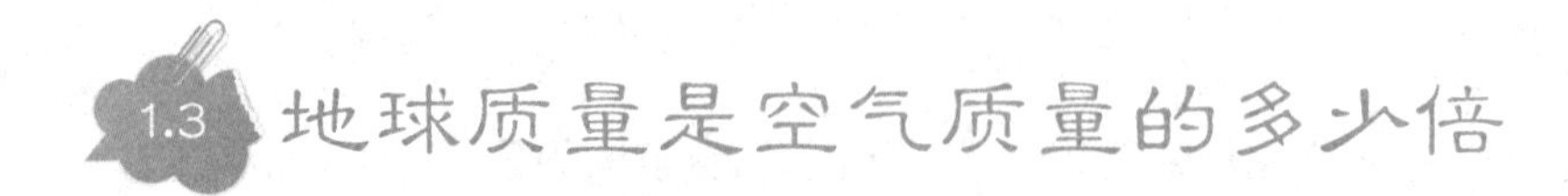

1.3 地球质量是空气质量的多少倍

把巨大的数字转化成乘方，不仅书写简单，而且容易计算。下面，我们来计算地球的质量是地球周围空气质量的多少倍。

大家都知道，地球表面每平方厘米的大气压约为1千克，即每平方厘米的地球表面要支撑1千克的大气柱。地球周围的空气就好像是由无数个大气柱组成，地球的表面积有多大，就有多少个这样的大气柱，大气层的重量就是多少千克。查阅一下资料，我们知道地球的表面积是51 000万平方千米，即51×10^3平方千米。

接下来，我们把平方千米转换成平方厘米。我们知道，1千米=1 000米，1米=100厘米，即1千米=10^5厘米，1平方千米=10^{10}平方厘米。因此，地球的总面积是：

$$51\times10^7\times10^{10}=51\times10^{17}\text{平方厘米}$$

所以，包围着大气的总质量是51×10^{17}千克。

因为地球的质量是6×10^{21}吨，转换为千克是：

$$6\times10^{21}\times10^3=6\times10^{24}\text{千克}$$

要求出地球的质量是地球周围空气质量的多少倍，两者相除就可以了：

$$6\times10^{24}\div(51\times10^{17})\approx10^6$$

所以，地球的质量是它周围大气质量的100万倍。

木柴和煤在高温下才会燃烧，这是众所周知的事实。其实，碳元素和氧元素在任何温度下都会发生化合反应，只是在高温下反应激烈（参与反应的分子数目多），在常温及低温下反应缓慢（参与反应的分子数目少），人们观察不到而已。通过化学反应速度的定律可以知道：温度降低10℃，反应的速度（参与反应的分子数目）就会降低一半。

下面，我们把这个定律应用到木柴和氧的化合反应上，也就是观察木柴的燃烧过程。假设火焰的温度是600℃，1秒钟可以燃烧掉1千克木柴。那么，火焰的温度为20℃时，多长时间才可以燃烧掉1千克木柴呢？这时，温度降低了580℃，反应速度就会降低2^{58}倍。也就是说，在20℃的温度下，燃烧掉1千克木柴需要2^{58}秒。

那么，2^{58}秒是多少年呢？不用计算2^{58}等于多少，也不用借助对数表，利用下面的方法，我们可以算出大概值：

$$2^{10}=1\ 024\approx 10^{3}$$

因此，

$$2^{58}=2^{60-2}=2^{60}\div 2^{2}=\frac{1}{4}\times 2^{60}=\frac{1}{4}\times(2^{10})^{6}\approx\frac{1}{4}\times 10^{18}$$

即，大约是百万万万万秒的四分之一。一年的时间约是3 000万秒，也就是3×10^{7}秒，所以：

$$\left(\frac{1}{4}\times 10^{18}\right)\div(3\times 10^{7})=\frac{1}{12}\times 10^{11}\approx 10^{10}$$

也就是100亿年，这就是1千克木柴在20℃下燃烧完所需要的时间。因此，木柴和煤在常温下也可以燃烧，只是需要的时间是高温时的几百亿倍。

1.5 理想中的天气变化

题 我们假设天气的变化只有阴天和晴天两种，在这种条件下，有不同天气变化的星期数是多少呢？

我们觉得星期数应该不多，两个月肯定能包括一个星期中阴天和晴天的各种组合；之后，出现的天气组合就会和前面的重复。

我们的想法是否正确呢？下面，我们就来计算一下，这种条件下会出现多少种不同的组合。这时，又会用到乘方的计算。

首先，我们看一下1周内晴天和阴天的各种组合。

解 1周的第一天有晴天和阴天两种情况，那么，1周前两天的天气变化情况就是这样的：

晴天和晴天	晴天和阴天
阴天和晴天	阴天和阴天

两天内天气变化的种类是2^2种。那么，三天内呢？第三天的两种天气可以和前两天的情况任意组合，因此三天内的变化种类是$2^2\times2=2^3$。

以此类推，四天内的天气变化的种类是2^4，五天是2^5，1周就是$2^7=128$。

因为1周内的天气变化情况是128种，128个星期有$7\times128=896$天，也就是说896天之后，再出现的一个星期的天气组合肯定会和前面的某一种相同。当然，重复的情况可能会出现得更早，但896是一个期限，这个期限一过，重复就是必然的。反过来说也对，两年多（两年零166天，即896天）的时间里，每个星期的天气变化可能都不相同。

1.6 带密码的保险柜

题 某一机关内发现了一个很久之前遗留下来的保险柜，找到了钥匙，但遗失了密码。保险柜上有5个环，每个环上有36个字母，密码是5个环上的字母组成的一个单词。为了打开保险柜，决定逐一去对环上的字母，每对一个组合需要3秒钟。请问：10个工作日能打开这个保险柜吗？

解 我们来计算一下，这些字母一共有多少种组合。

第一个环上的36个字母可以和第二个环上的36个字母任意组合，两个字母组合的种类是：

$$36\times36=36^2$$

第三个环上的36个字母又可以和上面的每一种情况进行组合，因此3个环上字母的组合种类是：

$$36^2\times36=36^3$$

由此可知，4个环上字母组合的种类是36^4，5个环就是36^5，也就是60 466 176种。

由于每对一个组合需要3秒钟的时间，对完全部的组合需要的时间是：

$$3\times60\ 466\ 176=181\ 398\ 528\text{秒}$$

转换成小时是50 000多个，一个工作日按8个小时计算，需要约6 300个工作日，约20年的时间。

这就是说，10个工作日内打开保险柜的可能性只有$\frac{1}{630}$，显然打开的几率是很小的。

1.7 有车牌号的自行车

题 以前，自行车也有车牌号，这个号码由六位数字组成。在自行车这个行业，有一件众所周知的事情，“8”是一个倒霉的数字。有个人想买一辆自行车，希望车牌号上的每一位数都不是倒霉的数字“8”。在路上他一直安慰自己，数字是由0～9组成的，碰上8的几率只有十分之一，我不会这么倒霉的。大家想一下，他判断的正确吗？

解 车牌号一共有999 999个，从000 001～999 999。我们来计算一下，“幸运”的车牌号有多少个。第一位上有9个“幸运”数字，也就是除去8的所有数字。第二位上也有9个“幸运”数字。因此，前两位上“幸运”数字的组合是$9\times9=9^2$个。第三位上的9个“幸运”数字可以和上面的每一种情况进行组合，所以前三位上的“幸运”组合是$9\times9^2=9^3$个。

以此类推，六位数字的“幸运”组合是9^6个。不过，这里面包括了000 000这个空号，应该减去。因此，自行车的“幸运”车牌号有$9^6-1=531\ 440$个，大约占了所有车牌号的53%，而不是买车人希望的90%。

如果车牌号是由七位数字组成的，那么，“倒霉”的车牌号要比“幸运”的车牌号还多，请大家自己去计算一下。

1.8 用2累乘会出现什么情况

2是一个很小的数字，如果用来累乘，就会迅速增大。国际象棋发明人的故事是一个经典，更是一个家喻户晓的例子。现在，我们来看一些大家不熟悉的事例。

题 一个草履虫每隔27小时分裂一次，假如以此繁衍的后代都能存活，想要繁殖后草履虫的体积和太阳的体积一样大，需要分裂多少次，又需要多长时间呢？

已知：一个草履虫分裂40次后，所占的体积是1立方米；太阳的体积是10^{27}立方米。

解 问题可以归纳为，1立方米要用2累乘多少次，才可以变成10^{27}立方米这么大的体积。由于$2^{10}\approx 1\ 000$，因此10^{27}可以写成：

$$10^{27}=(10^{3})^{9}\approx(2^{10})^{9}=2^{90}$$

也就是说，一个草履虫分裂40次后，再分裂90次，它的体积就和太阳的体积一样大。如果从开始算起，一共需要分裂130次。我们可以算出，最后一次分裂发生在第147天。

曾经，有一个微生物学家研究草履虫，亲自观察了一个草履虫分裂了8061次。你来算一算，如果这些草履虫能够全部存活，最后的体积是多大呢？

前面的问题也可以反过来问：

假如把太阳平均分成两半，再把其中的一半平分成两半，一直分下去，平分多少次后得到的太阳粒子和一个草履虫的体积一样大呢？

虽然你已经知道了答案是130次，还是会因为这个数字而惊讶不已，它实在太小了。

再来看一个类似的例子：

把一张纸对折后剪开，得到的半张纸再对折剪开，一直这样剪下去，裁剪多少次后得到的纸张和原子一样大？

假设一张纸的重量是1克，原子的重量是10^{-24}克。因为10^{24}可以用近似值2^{80}来代替，答案显然是80次，而不是大家所认为的成百上千万次。

1.9 神奇的触发器

有一种电子装置叫触发器，由两个电子管（类似于收音机的电子管）组成。电流在触发器中通过时只能通过其中的一个电子管，左边的电子管或者右边的电子管。触发器上有四个接触点，其中两个用来从外部输入短暂的电信号（脉冲），另外两个输出触发器的应答脉冲。外部输入电信号的那一瞬间，触发器会发生翻转；原来导通的电子管关闭，电流通过另一个电子管。当右边的电子管关闭，左边的电子管导通时，触发器就会输出应答脉冲。

连续输入几个电信号，触发器会怎样工作呢？我们依据右边的电子管来判断触发器的状态：电流通过右边的电子管时，触发器处于“状态1”；电流不通过右边的电子管时，触发器处于“状态0”。

假如触发器开始是状态0，也就是电流不通过右边的电子管（图1-1）。第一个电信号通过后，电流就会通过右边的电子管，触发器发生翻转，变成状态1。这时，触发器不输出应答脉冲，因为电流通过左边的电子管时才输出应答脉冲。

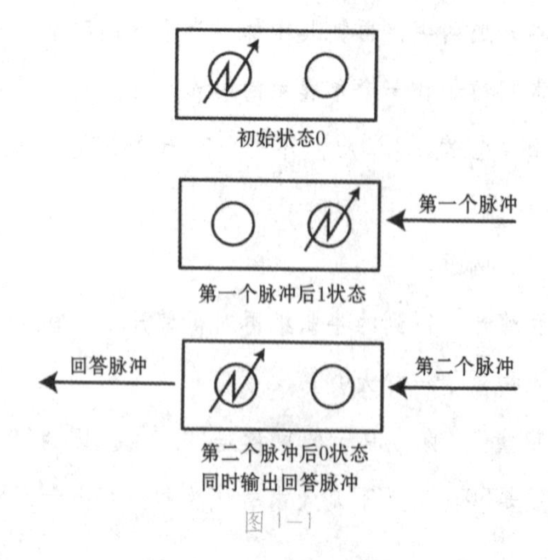

图 1-1

第二个电信号通过后，电流通过左边的电子管，触发器再次翻转，回到初始状态0。这时，触发器输出应答脉冲。

输入两个电信号后，触发器回到初始状态。因此，第三个电信号通过后，触发器的状态和通过第一个电信号后一样，处于状态1；第四个电信号通过后，触发器的状态和通过第二个电信号后一样，回到状态0，同时输出应答脉冲。接下来，一直重复这样的过程。每两个电信号后，触发器的状态就重复一次。

假设我们有好几个触发器，已经把电信号加在了第一个触发器上，第一个触发器输出的应答脉冲会作用在第二个触发器上，第二个触发器的应答脉冲又会作用在第三个触发器上（图1–2，触发器从右到左连接起来）……我们研究一下，这些触发器是怎么工作的。

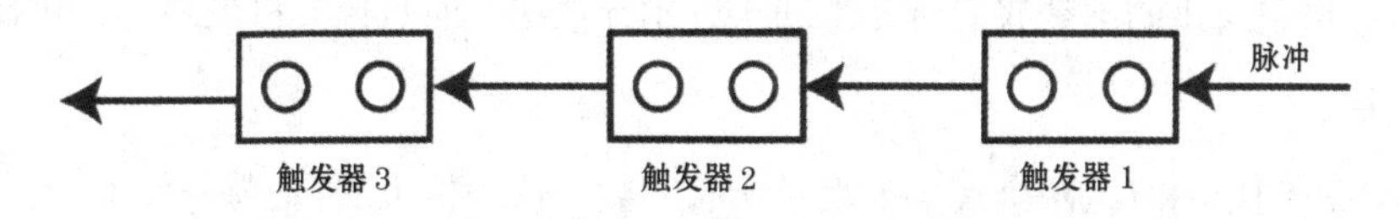

图 1–2

假设所有的触发器开始时都处于状态0，如果有5个触发器，这时的组合就是000 00；第一个电信号通过后，第一个触发器受触发发生翻转，变成状态1，由于这时没有应答脉冲输出，其他的触发器仍处于状态0，也就是说，这时的组合变成了00 001；第二个电信号通过后，第一个触发器再次翻转，回到初始状态0，同是输出应答脉冲触发第二个触发器，其余的3个触发器处于状态0，得到组合00 010；第三个电信号通过后，第一个触发器被触发，剩余的触发器状态不变，这时的组合是00 011；第四个电信号通过后，第一个触发器成为状态0，输出应答脉冲作用于第一个触发器，第二个触发器回到状态0，同时输出应答脉冲触发第三个触发器，第三个触发器受触发发生翻转，成为状态1，不输出应答脉冲，所以后两个触发器仍是初始状态，我们得出的组合是00 100。

以此类推，就得到这样的结果：

第一个电信号通过后组合00 001

第二个电信号通过后组合00 010

第三个电信号通过后组合00 011

第四个电信号通过后组合00 100

第五个电信号通过后组合00 101

第六个电信号通过后组合00 110

第七个电信号通过后组合00 111

第八个电信号通过后组合01 000

……

通过观察我们不难发现，这些触发器能够用自己的方式记录输入电信号的数目，但记录用的不是我们所熟悉的十进制计数法，而是计算机使用的二进制计数法。

二进制用0和1这两个数字来表示所有的数，后一位上的1是前一位上1的两倍。在二进制中，最后一位（也就是最右边的那一位）上的1就是通常意义上的1；下一位（右边第二位）上的1相当于十进制中的2，再下一位上的1等同于十进制中的4，以此类推即可。

例如，17=16+1用二进制表示就是10 001；15=8+4+2+1用二进制表示就是1111。

多个触发器就是用这种方法“计数”及记录输入信号的数目的。每进来一个电信号，触发器的状态就改变一次，触发器就记录下电信号的个数，所需要的时间只有一亿分之几秒！现在的触发器每秒钟可以计算1 000多万个电信号，这个速度是人脑计数的100万倍：人的眼睛识别信号的极限相隔0.1秒，再短就无法识别了。

如果把20个触发器相连接，也就是记录的电信号的数目不超过20位的二进制数，总共的个数是$2^{20}-1$，这个数大于100万。如果连接在一起的是64个触发器，就能利用这个装置记录著名的“象棋数字”了。

每秒钟可以记录几百万个信号，这在核试验中有着重要的意义。例如，可以记录原子裂变时释放出来的粒子数目。

1.10 利用触发器进行计算

奇妙的是，触发器能帮助我们进行计算。下面，我们来看一下，它是如何进行加法运算的。

把触发器排成3排（图1−3），上面的一排触发器记录被加数，中间一排记录加数，下面一排则记录得到的和。给装置通上电，上面一排和中间一排处于状态1的触发器会向下面一排的触发器输出应答脉冲信号。

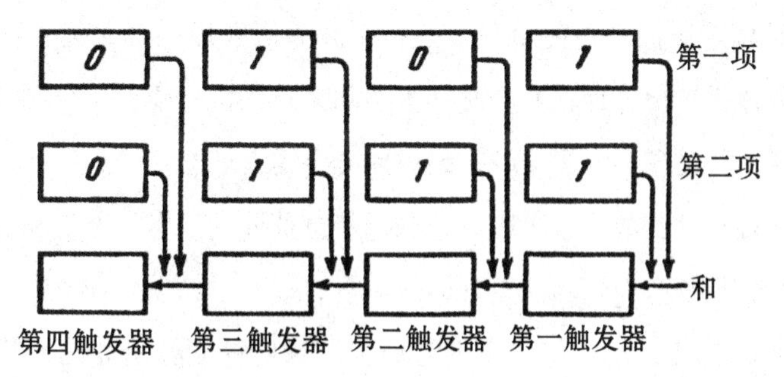

图1−3

图1−3中，上面一排的触发器记录了被加数101，中间一排的触发器记录了加数111。这时，下面一排的第一个触发器（最右边的那一个）通电后收到两个应答脉冲：上面一排和中间一排的最右边的触发器各输出一个。我们知道，触发器接到两个脉冲后，回到初始状态0，同时输出一个应答脉冲作用于第二个触发器。此外，第二个触发器还从对应的加数项获得一个应答脉冲。这样一来，第二个触发器也得到了两个应答脉冲，翻转两次后回到初始状态0，向第三个触发器输出一个应答脉冲。第三个触发器不仅得到了这个脉冲，还从

对应的被加数和加数项分别获得了一个应答脉冲。所以，第三个触发器共获得了3个脉冲，处于状态1，并且输出一个应答脉冲。这个脉冲使第四个触发器变成状态1，其他的电信号无法对第四个触发器起作用。图1–3装置就这样用“竖式”进行两个数的加法运算：

$$\begin{array}{r} 101 \\ +111 \\ \hline 1100 \end{array}$$

转换成十进制就是5+7=12。下面一排的触发器记录了1，并把它输送到前一个触发器中，相当于我们“竖式”中的进位。

如果每一排的触发器是20个，就可以进行百万以内的加法运算，触发器的数目越多，可以计算的数值也越大。

需要注意的是，真正用来计算的装置要比图1–3复杂得多。其中，就包括脉冲“延迟”装置。实际上，按照图1–3的画法，上面一排和中间一排的两个脉冲会同时到达下面一排的触发器，两个脉冲汇合成一个。为了计算的准确性，要避免这样情况，所以两个脉冲不能同时到达，必须有一个要“延迟”。安装了“延迟”装置后，记录脉冲的速度就会变慢。

这个装置经过改装，就可以做减法，甚至是乘法（实际上是加法的累加，因此所需的时间长些）、除法及其他的运算。

上面所说的装置已经用在了计算机上，每秒钟能够运算几万甚至几十万次。随着科学技术的进步，计算机的速度也将会越来越快。也许，有些人会认为这么快的速度没有必要，用万分之一秒和用四分之一秒算出一个15位数的平方，难道区别很大吗？对于我们来说，都是一眨眼的事。

真的是这样吗？我们看下面的例子：一个优秀的棋手，每走一步棋都会考虑上百种方法。如果每考虑一种方法就需要几秒钟的时间，上百种方法就需要几十分钟。在大赛中，经常会出现时间不够用的情况。假如把考虑走棋方案这个工作交给计算机，会出现什么情况呢？要知道，计算机每秒钟就能运算几千次，一眨眼的时间就能考虑完全部方案，永远不会出现时间不够用的情况。

有的人可能会说，计算机跟下棋根本不是同一回事，计算机擅长的是计算，而下棋需要思考，计算机能做到吗？在此，我们不必争论这个问题，后面我会具体讲到。

1.11 象棋到底有多少种棋局

我们来计算一下，棋盘上可能会出现多少种棋局。要进行准确的计算是不可能的，我们所说的只是近似值。比利时有一位著名的数学家叫克赖奇克，他的《游戏的数学和数学的游戏》一书中有这样的记载：

走第一步的时候，白子有20种走法（8个卒各有16种走法，2个马各有2种走法）。与此对应，黑子也有20种走法。白子的走法和黑子结合起来，双方各走一步后，就可能出现20×20=400种棋局。

之后的走法就更多了。例如，白子的第一步是*e*2—*e*4，第二步就有29种走法，下面的走法比它还多。如果王后这一个子，开始占的是*d*5格，下一步就有27种走法（前提条件是所有的出路都是空格）。不过，为了便于计算，我们取平均数：

前5步的时候，双方的走法都是20种；接下来，双方每一步都有30种走法。此外，双方各走40步下完一盘棋。那么，可能的棋局数是：

$$(20\times20)^{5}\times(30\times30)^{35}$$

下面，我们来求这个式子的近似值：

$$(20\times20)^{5}\times(30\times30)^{35}=20^{10}\times30^{70}=2^{10}\times3^{70}\times10^{80}$$

2^{10}约等于1000，也就是10^3。

3^{70}可以这样写：

$$3^{70}=3^{68}\times3^{2}\approx10\times(3^{4})^{17}\approx10\times80^{17}=10\times8^{17}\times10^{17}$$

$$=2^{51}\times10^{18}=2\times(2^{10})^5\times10^{18}\approx2\times10^{15}\times10^{18}=2\times10^{33}$$

结果就是：

$$(20\times20)^5\times(30\times30)^{35}\approx10^3\times2\times10^{33}\times10^{80}=2\times10^{116}$$

相比之下，传说中国王赏给象棋发明人的麦粒数（$2^{64}-1\approx18\times10^8$）就少得多了。如果地球上的所有人日夜不停地下棋，假设每一秒钟走一步，想要玩遍所有的棋局，也要10^{100}个世纪。

1.12 自动弈棋机

如果有人告诉你，曾经出现过自动弈棋机，你可能难以相信。的确，既然棋盘上的棋局千变万化，又怎么会出现自动下棋的机器呢?

其实，事实很简单，过去并没有真正能够自动下棋的机器，那只是人们美好的愿望而已。他们希望出现这样的机器，其中，匈牙利的机械师沃里沃尔夫冈·冯·肯佩伦(Wolfgang von Kempelen，1734～1804)发明的自动弈棋机最有名。机器发明后，先在奥地利和俄罗斯的宫廷展示，然后在巴黎和伦敦面向大众展览。拿破仑一世曾经和这台机器对弈，一比高低。十九世纪中叶，这部机器流落到美国，在费城的一场大火中付之一炬。

当时，其他的自动下棋机没有这么出名，但人们对于自动运算机器的研究始终没有停止过。

其实，当时的下棋机都不是自动的，而是机器中隐藏着下棋高手。前面所说的这台自动弈棋机是一个复杂的大箱子，里面有不少机械零件。棋盘和棋子摆在箱子上面，由一个木偶来移动棋子。下棋前向观众证明，箱子里面只有零件。实际上，箱子里面的空间可以容纳一个身材矮小的人(著名棋手约翰·阿尔盖勒和威廉·刘易斯曾经扮演过这个角色)。当向观众展示箱子里面的零件时，箱子中的棋手就向隐蔽的部分移动。箱子中的零件只是一个摆设，在下棋过程中没有任何作用。

由此可以得出这样的结论：尽管可能出现的棋局数不胜数，但真正的自动弈棋机只是人们的美好想象。因此，不用担心机器会威胁人的棋艺。

不过，近几年发生的事情，使我们对这个结论产生了怀疑，因为出现了会“下棋”的机器。这就是我们前面提到的计算机，那么，计算机是怎么“下棋”的呢？

当然，计算机只会进行数的运算，不会做其他的事情。但是，计算机的运算是按步骤进行的，也就是按照事先编好的程序来运算。

计算机中下象棋的程序是编程人员根据下棋战术编写的，这种战术也就是下棋的规则，这套规则可以为走棋的每一步找到最好的方案。下面是战术中的一个例子，每一颗棋子都被规定了特定的分数：

国王………… +200分　　卒…………… +1分

皇后………… +9分　　落后卒……… −0.5分

车…………… +5分　　被困卒……… −0.5分

象…………… +3分　　并卒………… −0.5分

马…………… +3分

此外，位置的优劣也有一定的判断方法，所占的分数是零点几。用白子的得分减去黑子的得分，得到的结果可以表明棋局的优劣。如果结果是正数，表明执白子的一方得胜的几率大；反之，则执黑子的一方可能得胜。

计算机通过计算得出，在三步内怎样才能使这个差值最大，从所有的方案中选出一个最好的方案，把它显示在特定的卡片上：“一步棋”就形成了①。

①我们讲的只是其中的一种，还有其他的象棋战术。例如，有的在计算时只关注对方的“关键”步（将军、吃子、进攻、防守等）。还有的遇到对方出奇招时，不仅是提前算出三步，而是更多步的最佳走法。

计算机的运算速度很快，所以走一步棋用的时间很少，不会出现时间不够用的情况。

当然，只能提前“算出”三步的机器是一个相当差的“棋手”①。不过，随着计算机技术的不断提高，计算机“下棋”的本领也将会越来越厉害。

如果在这本书中详细地介绍计算机下棋的编程问题，就会增加阅读的难度。因此，下一章我们只讲解几个简单的计算机程序。

1.13 三个2求最大值

大家都知道，三个数怎么摆才能得出最大的值。例如，取三个10，就要摆成这样：

$$10^{10^{10}}$$

这就是10的第三级“超乘方”。

这个数非常大，没有可比的东西让我们形象地认识到它到底有多么大。在《趣味算术学》中曾简单地提到过这一点。现在，我们要以它为例，引出下面的这道题。

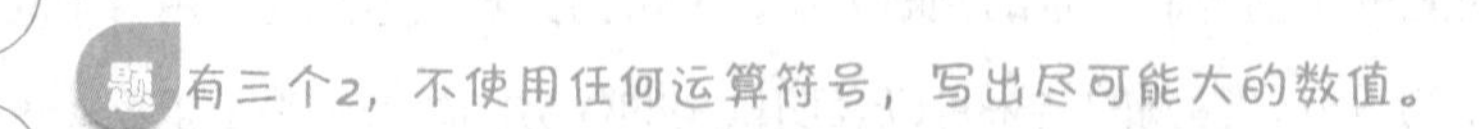

题 有三个2，不使用任何运算符号，写出尽可能大的数值。

解 上面刚说了把三个10摆成三排的方法，我们效仿上面的做法得到：

$$2^{2^{2}}$$

但是，这样得到的结果并不是最大的值，仅仅是2^4，也就是16而已，比222还要小很多。

---

①优秀的棋手在对弈时，能够提前考虑出十步或者十步以上。

三个2摆成的最大的值不是222，也不是22^2(即484)，而是

$$2^{22}=4\ 194\ 304$$

这个例子告诉我们，类推方法有着它适用的范围，不是万能的。在解题时，我们一定要多思考，否则很容易得到错误的答案。

1.14 三个3求最大值

解下面这道题的时候，也许你会更加小心。

题 有三个3，不使用任何运算符号，写出尽可能大的数值。

解 这时，也不能用叠三层的方法，因为

$$3^{3^3}$$

3^{27}要小于3^{33}，所以后者才是这道题的正确答案。

1.15 三个4求最大值

题 有三个4，不使用任何运算符号，求它的最大值。

解 此时，我们按照前面两道题的解法，得出的答案是：

$$4^{44}$$

但不是最大的值，摆三层才是最大值：

$$4^{4^4}$$

因为$4^4=256$，而4^{256}显然要大于4^{44}。

1.16 三个相同的数求最大值

接下来，我们来研究一下，为什么同样是摆三层，有些数求出的是最大值，而有些不是呢？

题 有三个同样的数，不使用任何运算符号，求最大值。

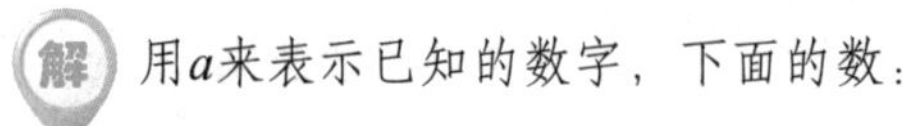

解 用a来表示已知的数字，下面的数：

$$2^{22},\ 3^{33},\ 4^{44}$$

可以写成

$$a^{10a+a}，即a^{11a}。$$

三层的摆法可以写为：

$$a^{a^{a}}$$

现在，我们来分析一下，a是什么数值时，后一种摆法比前面的要大。由于这两种方式表示的都是乘方，而且底数相同，所以指数越大，最后的值就越大。那么，只要求出什么时候$a^a>11a$就可以了。

不等式的两端同时除以a，得到：

$$a^{a-1}>11$$

很容易得出，只有$a>3$时，不等式才成立，因为

$$4^{4-1}=64>11$$

而3^2和2^1都小于11。到此，前面的问题解决了，当数字是2或者3的时候，第一种摆法的值最大；当数字是4或者大于4的时候，后一种摆法才是正确的答案。

四个1求最大值

题 不使用任何运算符号，四个1所能摆出的最大值是多少？

解 我们首先会想到1 111，但它并不是这道题的答案。因为

$$11^{11}$$

要比它大得多。如果让我们用连乘来求这个数值，恐怕不容易做到。不过，我们可以查阅对数表，找到这个数的近似值。

这个数要大于2 850亿，比1 111的25 000万倍还大。

四个2求最大值

题 不使用任何运算符号，四个2所能摆出的最大值是多少？

解 一共有8种组合，分别是

$$2222,\ 222^2,\ 22^{22},\ 2^{222}$$

$$22^{2^2},\ 2^{22^2},\ 2^{2^{22}},\ 2^{2^{2^2}}$$

这8个数中，哪一个是最大的呢？

我们先来看第一行的数，2222显然要小于后面三个数。

当比较222^2和22^{22}的大小时，我们把22^{22}转化成：

$$22^{22}=22^{2\times11}=(22^2)^{11}=484^{11}$$

显然，后一个数要大，因为484^{11}不管是底数还是指数都大于222^2。

接下来，我们比较22^{22}和2^{222}的大小。我们用大于22^{22}的数32^{22}和2^{222}进行比较，因为：

$$32^{22}=(2^5)^{22}=2^{110}<2^{222}$$

由此可知，第一行中最大 的数是2^{222}。

接下来，我们比较第二行中的四个数。$2^{2^{2^2}}=2^{16}$是四个数中最小的，可以排除。只要比较剩下的三个数就可以了。第一个数$22^{2^2}=22^4<32^4$，也就是小于2^{20}。因为这三个数的底数相同，指数大的，乘方自然就大。指数分别是：

$$20，484，2^{22}(=2^{10\times2}\times2^2\approx10^6\times4)$$

很明显，第三个指数最大。

因此，四个2摆成的最大数是：

$$2^{2^{22}}$$

不用查阅对数表，我们根据$2^{10}\approx10^3$这个不等式，求它的近似值：

$$2^{22}=2^{20}\times2^2\approx10^6\times4,$$

$$2^{2^{22}}\approx2^{4\ 000\ 000}>10^{1\ 200\ 000}$$

所以，这个数字有100多万位，这是一个巨大的数字。

第2章

代数语言的相关知识

2.1 学习列方程

方程就是代数语言的表达形式。牛顿在《普遍的算术》一书中说：“把普通的语言转换成代数语言，就可以解决复杂的数量关系。”不过，怎样把普通语言转换成代数语言呢？牛顿列举了许多例子，下面这个就是其中之一：

普通语言	代数语言
一个商人存了一笔钱。	x
第一年他用掉了100英镑，	$x-100$
挣了剩余钱数的三分之一。	$(x-100)+\frac{x-100}{3}$
第二年又用掉了100英镑，	$(x-100)+\frac{x-100}{3}-100$
又挣了剩余钱的三分之一。	$[(x-100)+\frac{x-100}{3}-100]\times(1+\frac{1}{3})$
第三年又用掉了100英镑，	$[(x-100)+\frac{x-100}{3}-100]\times(1+\frac{1}{3})-100$
又挣了剩余钱数的三分之一。	$\{[(x-100)+\frac{x-100}{3}-100]\times(1+\frac{1}{3})-100\}\times(1+\frac{1}{3})$
结果，钱数是开始时的两倍。	$\{[(x-100)+\frac{x-100}{3}-100]\times(1+\frac{1}{3})-100\}\times(1+\frac{1}{3})=2x$

想要知道这个商人原来有多少钱，只要解出最后方程中 x 的值就行了。

我们知道，列方程比解方程要困难得多。其实，列方程就是把普通语言转换成代数语言的过程。不过，由于代数语言非常简单，所以并不是每一句话都可以转换成代数语言。有时候，转换时会遇到各种困难，下面的例子就是一个很好的证明。

2.2 通过方程了解刁藩都的一生

题 刁藩都是一个著名的古代数学家，但关于他生平的记录很少，目前所有的信息都是从他的墓碑上的题词中得到的。墓碑上的题词是一道数学题，内容如下：

普通语言	代数语言
这里是刁藩都的墓地，下面的内容可以让你知道他活了多久。	x
六分之一的生命是美好的童年。	$\frac{x}{6}$
又过了生命的十二分之一，他的下巴开始长出胡子。	$\frac{x}{12}$
接着他步入了婚姻，度过了生命的七分之一，这段时间没有孩子。	$\frac{x}{7}$
五年后，他的第一个孩子出生了，他觉得幸福不已。	5
厄运降临到这个孩子的身上，他的生命是父亲的二分之一。	$\frac{x}{2}$
儿子死后，父亲非常伤心，四年后离开了这个世界。	$x=\frac{x}{6}+\frac{x}{12}+\frac{x}{7}+5+\frac{x}{2}+4$
你知道刁藩都去世时的年龄吗？	

解 从方程中可以得出$x=84$，我们得到了下面的信息：刁藩都有着14年的快乐童年，21岁结婚，38岁有了第一个孩子，80岁时儿子去世，84岁离开了这个世界。

2.3 驮着行李的马和骡子

题 马和骡子驮着行李在路上行走，马总是抱怨自己驮的东西多。这时，骡子说道："你抱怨什么呢？要知道，如果我帮你驮一袋，我驮的东西将是你的两倍；如果你帮我驮一袋，我们驮的东西才一样多。"

亲爱的读者，你知道马和骡子各驮了几袋东西吗？

解 设马驮了x袋东西，骡子驮了y袋东西。

如果我帮你驮一袋，	$x-1$
我背上的袋数	$y+1$
就是你的两倍。	$y+1=2\times(x-1)$
如果你帮我驮一袋，	$y-1$
你背上的袋数	$x+1$
和我一样多。	$y-1=x+1$

我们把上面两个方程联立方程组：

$$\begin{cases} y+1=2\times(x-1) \\ y-1=x+1 \end{cases} \text{即} \quad \begin{cases} 2x-y=3 \\ y-x=2 \end{cases}$$

通过解方程组可得：$x=5$，$y=7$。所以马驮了5袋东西，骡子驮了7袋东西。

2.4 四兄弟各有多少钱

题 四兄弟一共有45美元。假如老二给老大两美元，则老三的钱增加一倍，老四的钱减少一半，那么，四兄弟的钱一样多。请问：四兄弟每个人各有几美元？

设老大、老二、老三、老四的钱分别为x、y、z、t美元。

四兄弟一共有45美元。	$x+y+z+t=45$
假如老二给老大两美元，老大的钱是	$x+2$
老二的钱是	$y-2$
老三的钱增加一倍，	$2z$
老四的钱减少一半，	$\frac{t}{2}$
那么，四兄弟的钱一样多。	$x+2=y-2=2z=\frac{t}{2}$

把最后一个方程拆成三个：

$$\begin{cases} x+2=y-2 \\ x+2=2z \\ x+2=\frac{t}{2} \end{cases}$$

由此可得：

$$\begin{cases} y=x+4 \\ z=\frac{x+2}{2} \\ t=2x+4 \end{cases}$$

代入第一个方程得出：

$$x+x+4+\frac{x+2}{2}+2x+4=45$$

求出$x=8$。将x的值代入上面的三个方程中，可以得出$y=12$，$z=5$，$t=20$。所以，老大有8美元，老二有12美元，老三有5美元，老四有20美元。

2.5 鸟和鱼

题 11世纪阿拉伯有一位著名的数学家，他写了一道这样的数学题：一条河的两岸各有一棵棕榈树，两棵树隔着河相对。一棵树高30肘尺[①]，另一棵

①长度单位，原指肘关节到中指尖的距离。

树高20肘尺，两棵树根部之间的距离是50肘尺。两只鸟落在两棵棕榈树的顶端，它们同时发现一条鱼游出水面，马上朝着水面飞去，同时捉住了这条鱼（图2-1）。

请问：这条鱼距离较高的那棵棕榈树的根部多远？

图2—1

根据勾股定理，我们画出图2–2，可以得出：

$$AB^2=30^2+x^2$$

$$AC^2=20^2+(50-x)^2$$

由于两只鸟飞过AB和AC这两段距离所用的时间相同，所以$AB=AC$，即$30^2+x^2=20^2+(50-x)^2$。解方程可以得出$x=20$，也就是说这条鱼出现的地方距离较高的那棵棕榈树的根部距离是20肘尺。

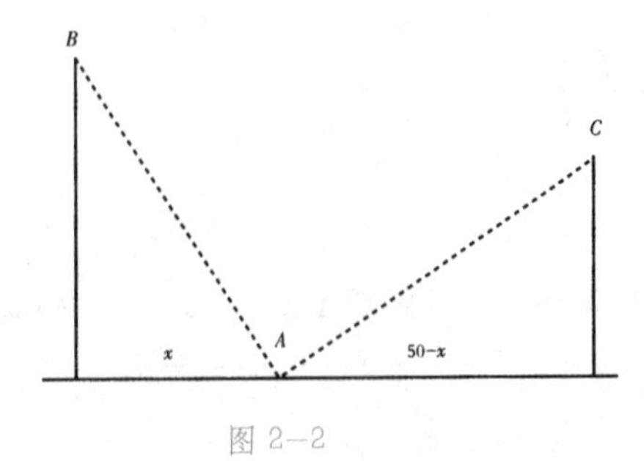

图 2—2

2.6 两家之间的距离

题 一位老医生对他的一位朋友说：“明天是周末，来我家玩吧。”

“谢谢你的邀请。明天3点我从家里出发，假如你也想出去走走，那我们就同时出发，在路上碰面。”

“你也知道，我是一个老人，一个小时最多能走3千米，而你一个年轻人一小时最少可以走4千米。不管怎么说，我也应该少走一点吧。”

“既然我每个小时比你多走1千米，我就提前15分钟出门，让给你1千米可以吗？”

“好的，就这样说定了。”医生愉快地答应了。

年轻人和医生都是按照约定做的：年轻人2点45分从家里出发，每小时前进4千米；医生3点整走出家门，以每小时3千米的速度往前走。他们相遇后，一起向医生家走去。

年轻人回到家后才想明白，自己早出发了15分钟，走过的路不是医生的两倍，而是4倍。

请你计算一下，年轻人的家到医生家的距离。

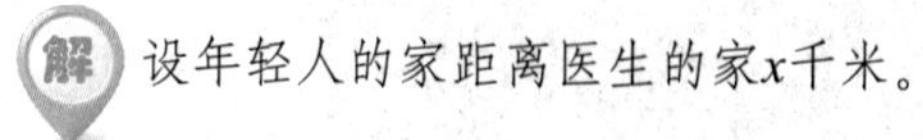

解 设年轻人的家距离医生的家x千米。

年轻人从自己家走到医生家，然后又回到自己的家，一共走了$2x$。医生走的距离是年轻人的四分之一，也就是$\frac{x}{2}$千米。两个人相遇时，医生走的距离是$\frac{x}{4}$，年轻人走的距离是$\frac{3x}{4}$。医生走这段路需要$\frac{x}{12}$小时，年轻人走剩下的路需要$\frac{3x}{16}$小时，由于年轻人多走了$\frac{1}{4}$小时，因此得到方程：

$$\frac{3x}{16}-\frac{x}{12}=\frac{1}{4}$$

解得x=2.4，所以年轻人的家距离医生的家2.4千米。

2.7 关于割草的方程

著名文学家托尔斯泰曾经提到过这样的一个问题：

题 有一队农夫去割草（图2-3），他们需要割完两块草地上的草，大块草地的面积是小块草地的两倍。前半天，大家都在大块的草地上割草。后来，一队农夫平均分成了两部分：一半人在原来的大块草地上割草，天黑时正好割完；另一半人去小块的草地上割草，天黑时剩下一小部分，第二天一个人去割草，一天的时间正好割完。

请问：这队农夫有多少人？

图 2-3

解 设这队割草的农夫有x人，每个人每天割草的面积是y。

用x和y表示大块草地的面积，x个人半天所割草地的面积是：

$$x\times\frac{1}{2}\times y=\frac{xy}{2}$$

剩余的部分是一半的人用半天的时间割完的，所以剩余的面积是：

$$\frac{x}{2}\times\frac{1}{2}\times y=\frac{xy}{4}$$

因为一天正好割完整片草地，所以草地的面积为：

$$\frac{xy}{2}+\frac{xy}{4}=\frac{3xy}{4}$$

接下来，用x和y表示小块草地的面积。一半的人割了半天，所割的面积是：

$$\frac{x}{2}\times\frac{1}{2}\times y=\frac{xy}{4}$$

剩下的面积一个人一天正好可以割完，面积是y。所以，小块草地的总面积是：

$$\frac{xy}{4}+y=\frac{xy+4y}{4}$$

因为大块草地的面积是小块草地的两倍，可以得出：

$$\frac{3xy}{4}=\frac{xy+4y}{4}\times 2$$

方程两边同时除以$\frac{y}{4}$，得到：

$$3x=2x+8$$

由此得知，$x=8$。

《趣味代数学》这本书刚出版不久，青格尔教授给我写了一封信，里面提到了这道题。他觉得，这道题的意义是："它是一道简单的算术题，而不是一道代数题，难就难在它出现的形式，有别于通常的刻板形式。"

在信中，青格尔教授还说："这道题是怎么来的呢？当时，我父亲和舅舅伊·拉耶夫斯基（列夫·托尔斯泰的密友）同时就读于莫斯科大学的数学系。在他们所学的课程中，有一门课类似于教学法，学生们需要去指定的市立民众中学学习相应的知识。我父亲和舅舅有一个叫彼得罗夫的同学，他喜欢研究算术学，经常有自己的独到见解。他觉得，算术课上的习题都是模式化的，解题的方法也是模式化的，对学生有百害而无一利。为了打破传统模式的桎梏，他自己发明了一套习题。由于这套习题太灵活，难倒了那些'具有丰富经验的优秀教师们'。但是，那些头脑灵活的学生很容易就解出了这些习题。前面，我所提到的计算割草人数的这道题，就是其中的一个。借助方程，有经验的老师自然能解出这道题，他们却忽略了最简单的算术解法。"

其实，解这道题非常简单，没有必要列方程求解。

由于大块草地全队人割半天，半队人再割半天就可以割完，显然，半队人马半天割完草地的$\frac{1}{3}$。那么，小块草地剩下的部分就是$\frac{1}{2}-\frac{1}{3}=\frac{1}{6}$。也就是说，一个人一天割完草地的$\frac{1}{6}$，当天割的总数是$\frac{6}{6}+\frac{1}{3}=\frac{8}{6}$，由此可知，全队共有8个人。

这道题是托尔斯泰当学生的时候，从我父亲那里听说的。后来，托尔斯泰一直很喜欢这类的题，既有趣又不难。等到我和托尔斯泰讨论这道题的时候，他已经是一个老者了。他发现，这道题通过画图（图2-4）会更清晰、更明了。

接下来的几道题，用算术解比用方程解要简单得多。

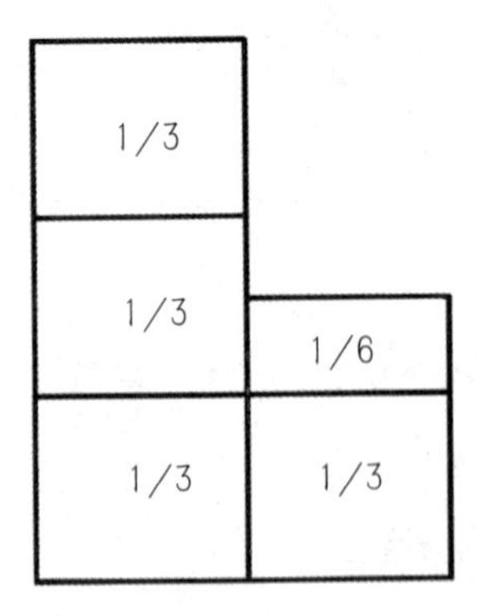

图 2-4

2.8 牛吃草的问题

牛顿在《普遍算术》一书中说："学习数学知识的时候，做题比死记规律有用得多。"因此，他在阐述理论的时候，总会举例来说明。其中，有一类题是根据"牛吃草的问题"衍生出来的。

题 有一片茂密的草地，青草长得又绿又快。已知，70头牛用24天的时间可以吃完这片草地上的草，30头牛用60天可以吃完（图2-5）。请问：要想96天吃完这片草地上的草，需要多少头牛。

图2－5

这是契诃夫的著作《家庭教师》中的故事情节。一位家庭教师辅导一个中学生，给学生出了这道题。结果，这个学生向两个成年亲戚请教，他们考虑了好长时间，也没有解出来。

其中一个亲戚说：“70头牛用24天的时间可以吃完这片草地，多少头牛96天可以吃完呢？当然是70头牛的$\frac{1}{4}$，即$\frac{70}{4}$头牛。但是，这太荒谬了，有半头的牛吗？第二个条件是，30头牛要用60天的时间可以吃完，多少头牛96天可以吃完这片草地上的草呢？答案是：$18\frac{3}{4}$头牛。天啊，这是什么烂题！还有，既然70头牛用24天可以吃完，那30头牛用56天就吃完了，怎么会是题中的60天呢？”

“你忘了，草一直在生长，这是一个不可忽略的条件。”另一个亲戚说。

这句话很对，如果忘了这个条件，不仅解不出题，就连题中的已知条件都是相互矛盾的。

那么，这道题的正确答案是什么呢？

解 设需要x头牛，每天新长出的草量是y，那么，24天长出的草量就是$24y$；假设草场上原来的草量是1，那么，24天里70头牛吃掉的草量是$1+24y$；这群牛一天吃掉的草量是：

$$\frac{1+24y}{24}$$

一头牛一天吃掉的草量是；

$$\frac{1+24y}{24\times70}$$

以此类推，由于30头牛60天可以吃完草场上的草，所以一头牛一天可以吃掉：

$$\frac{1+60y}{60\times30}$$

两群牛中的每一头牛一天吃的草量应该一样多，所以

$$\frac{1+24y}{24\times70}=\frac{1+60y}{60\times30}$$

解方程得：

$$y=\frac{1}{480}$$

因为y是每天长出的草量在原来总草量中所占的比例，那么，一头牛一天吃掉的草量与原来总草量之比为：

$$\frac{1+24y}{24\times70}=\frac{1+24\times\frac{1}{480}}{24\times70}=\frac{1}{1600}$$

最后，列出方程：

$$\frac{1+96\times\frac{1}{480}}{96x}=\frac{1}{1600}$$

解方程得：

$$x=20$$

所以，20头牛96天可以吃完这片草地上的草。

2.9 “牛吃草问题”的母题

题 现在，我们来看一下上道题的母题，它是人们在研究数学的过程中创造出来的。

有三座牧场，上面的草一样密，长得也一样快，牧场的面积分别是$3\frac{1}{3}$公顷、10公顷和24公顷。12头牛4个星期可以吃完第一个牧场的草；21头牛9个星期可以吃完第二个牧场上的草。请问：多少头牛用18个星期可以吃完第三个牧场上的草？

解 设x头牛18个星期可以吃完第三个牧场上的草，y是一个星期1公顷土地上新长出的草量和原来总草量的比值。那么，第一个牧场上一个星期新增草量是$3\frac{1}{3}y$，4个星期的增草量就是$3\frac{1}{3}y\times 4=\frac{40}{3}y$，这相当于草场扩大到了：

$$3\frac{1}{3}+\frac{40}{3}y \text{ 公顷。}$$

也就是说，4个星期牛12头吃掉的草的面积是$3\frac{1}{3}+\frac{40}{3}y$公顷。一个星期12头牛吃掉的草的面积是$\frac{1}{4}$，那么，一头牛一个星期吃掉草的面积就是$\frac{1}{48}$，也就是：

$$(3\frac{1}{3}+\frac{40}{3}y)\div 48=\frac{10+40y}{144} \text{ 公顷。}$$

用同样的方法可以求出第二个牧场上一头牛一个星期吃掉的草的面积是：

1公顷草地上一个星期长出的草的比值是y，9个星期就是$9y$，10公顷的草地上9个星期长出的草的比重是$90y$。这时，相当于草地总的面积变成了：

$$10+90y \text{ 公顷。}$$

一头牛一个星期需要的草地面积是：

$$\frac{10+90y}{9\times21}=\frac{10+90y}{189}$$

公顷。由于两个草场上的情况相同，所以

$$\frac{10+40y}{144}=\frac{10+90y}{189}$$

解方程得：

$$y=\frac{1}{12}$$

那么，一头牛一个星期吃掉的草的面积是：

$$\frac{10+40y}{144}=\frac{10+40\times\frac{1}{12}}{144}=\frac{5}{54}$$

公顷。最后，列出方程：

$$\frac{24+24\times18\times\frac{1}{12}}{18x}=\frac{5}{54}$$

解方程得：

$$x=36$$

所以，36头牛用18个星期可以吃完第三个牧场上的草。

2.10 时针和分针的对调问题

题 有一天，爱因斯坦生病了，他的朋友莫希柯夫斯基为了帮他打发无聊的时间，出了这样一道题：

当分针和时针都指向12的时候，把它们对调，它们所指示时间的位置是合理的，是存在的。但是，其他的时刻就不是这样了。例如，6点时，把时针和分针对调，时间就不对了：当时针指向12的时候，分针不可能指向6。那么，什么时间分针和时针可以对调，而且对调后的时间确实存在？

看完这道题，爱因斯坦说道："这个问题很适合卧病在床的我，它不仅有趣还有一定的难度。不过，只怕打发不了多少时间，因为我快要解出来了。"

说完后，爱因斯坦坐起来，在纸上画了一个草图。不久，就把这道题解出来了……

大家想一下，这道题的答案到底是什么呢？

解 我们以表盘的$\frac{1}{60}$为单位，表示表针从12走过的距离。

假设走到了符合题中要求的位置，时针走了x刻度，分针走了y个刻度（图2—6）。由于时针每小时走5个刻度，所以走x个刻度需要的时间是$\frac{x}{5}$小时。也就是说，在12点之后，时针走了$\frac{x}{5}$小时。分针每分钟走一个刻度，走y个刻度需要$\frac{y}{60}$小时。换言之，分针是在$\frac{y}{60}$小时前走过数字12的。或者说，分针和时针在12点重合之后过了$\frac{x}{5}-\frac{y}{60}$个小时。因为这里指的是12点之后的整小时数，所以这个数是整数（0~11）。

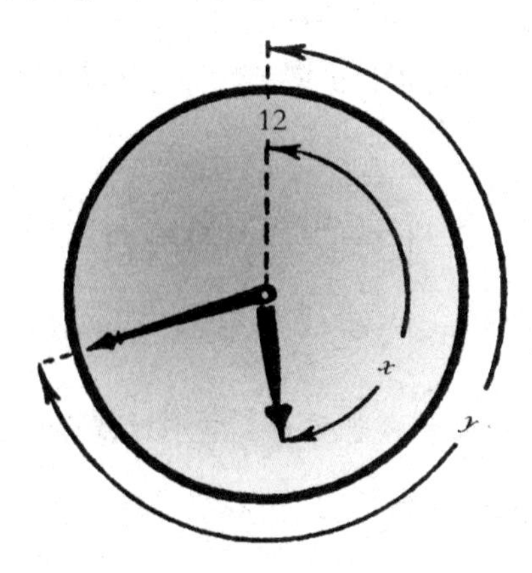

图2—6

表针对调之后，我们可以用上面的方法求出经过的时间是：

$$\frac{x}{5}-\frac{y}{60}$$

这个数也是整数。

联立方程组：

$$\begin{cases}\dfrac{x}{5}-\dfrac{y}{60}=m\\[2ex]\dfrac{x}{5}-\dfrac{y}{60}=n\end{cases}$$

这里的m和n是0～11的任意整数，由方程组得：

$$\begin{cases}x=\dfrac{60\times(12m+n)}{143}\\[2ex]y=\dfrac{60\times(12n+m)}{143}\end{cases}$$

把0～11的各个整数分别代入上面的方程组，就可以得出满足题意的表针的位置。因为代表m的12个整数可以和代表n的12个整数任意搭配，看起来有144个解，但只存在143个。因为$m=n=0$和$m=n=11$的时候，求出的是同一个时间。

当$m=n=11$时，求得：

$$\begin{cases}x=60\\y=60\end{cases}$$

也就是说，$m=n=0$时，也是12点。

在这里，我们不一一讨论各种情况了，只列举两个具有代表性的例子。

例1：$m=n=1$时，

$$\begin{cases}x=\dfrac{60\times13}{143}=5\dfrac{5}{11}\\[2ex]y=5\dfrac{5}{11}\end{cases}$$

也就是1点$5\frac{5}{11}$分，时针和分针重合，它们对调后还是原来的时间（其他的时针和分针重合的情况也一样）。

例2：$m=8$，$n=5$时，

$$\begin{cases}x=\dfrac{60\times(5+12\times8)}{143}\approx42.38\\[2ex]y=\dfrac{60\times(8+12\times5)}{143}\approx28.53\end{cases}$$

所指的时间是8点28.53分，对调后是5点42.38分。

我们已经知道了符合题意的答案有143个，为了准确地表示出时针和分针的各种情况，需要把表盘平分成143份，这样可以清楚地显示出各个答案。在其他的时间点，时针和分针不可以对调。

时针和分针的重合问题

题 在钟表上，时针和分针可以重合多少次？

解 由于时针和分针重合时可以对调，所以可以利用上题的方程组来解此题。时针和分针重合时走过的刻度一样，也就是$x=y$。由此可得：

$$\frac{x}{5}-\frac{x}{60}=m$$

m是0～11的任意整数，解方程得：

$$x=\frac{60m}{11}$$

将12个整数分别代入m，我们求得x的值是11个，而不是12个。因为$m=11$时，$x=60$，也就是时针和分针都走了60个刻度，回到了12点的位置上，和$m=0$时的结果是一样的。

2.12 猜数游戏

大家肯定都玩过猜数游戏，出题人通常会让你进行这样的运算：你随意想一个数，加3、乘6、减4，再减去你想的这个数等等，有时是五步，有时是十步。然后，他问你结果是多少。当你说出结果后，出题人马上就能猜到开始时你想的那个数。

这种游戏看起来很难，其实很容易，就是求解一些方程。

接下来，我们通过下面的表格加以说明。

想出一个数，	x
加上3，	$x+3$
乘以6，	$6x+18$
减去4，	$6x+14$
再减去你想的这个数，	$5x+14$
乘以2，	$10x+28$
减去1。	$10x+27$

当你告诉出题人结果后，他马上就能说出你当初想的那个数，那么，他是怎么算出来的呢？

想知道这个问题的答案，只要看上面表格的右边一部分就明白了。从中可以看出，如果你想的数是x，那么，结果就是$10x+27$。知道了这一点，很容易猜出最初的数。

例如，你告诉出题人结果是47。也就是说$10x+27=47$，解方程得$x=2$，而方程的解2就是你当初想的那个数。

就是这样，一切都非常简单：出题人在出题之前就想好了，怎么样才能利用最后的结果很快求得你当初所想的那个数。

了解了这些，你可以让玩伴自己决定对想到的数进行什么样的运算，让他们觉得更奇妙、更迷惑。当你的玩伴想好一个数后，按任意顺序进行下面的运算：加上一个数，乘以一个数，再减去一个数等等。比如，你的玩伴想好了一个数5，为了迷惑你，他一边计算一边说：

“我想到了一个数，你来猜猜是多少？这个数乘以2，加上3，再加上这个数本身；然后，加上1，乘以2，再减去我想到的数；接着，减去2，减去3，再减去我想到的数；最后，乘以2，再加上3。”

这时，他觉得把你给绕迷惑了，便兴奋地说：

“得数是49，我当初想到的那个数是多少呢？”

让他难以置信的是，你马上说出那个数是5。

你是怎么算出来的呢？其实，答案很简单。当玩伴在说他的计算步骤时，你也在心里进行着相同的运算。他说：“我想到了一个数……”，你就在心里说：“有一个未知数x”；他说：“……这个数乘以2……”你就暗自说：“现在变成了$2x$”；他说：“……加上3……”，你告诉自己：“接着是$2x+3$”……当他觉得把你“绕进去”时，你也做完了所有的运算（下面表格中，左边是你的玩伴说出的内容，右边是你在心里进行的运算）。

我想到了一个数，	x
这个数乘以2，	$2x$
加上3，	$2x+3$
再加上这个数本身，	$3x+3$
加上1，	$3x+4$
乘以2，	$6x+8$
再减去我想到的数，	$5x+8$
减去2，	$5x+6$
减去3，	$5x+3$
再减去我想到的数，	$4x+3$
乘以2，	$8x+6$
再加上3。	$8x+9$

最后的结果就是$8x+9$，这时他说：“得数是49”，也就是$8x+9=49$，解方程得$x=5$。于是，你便马上告诉他，那个数是5。

这个游戏的高明之处就在于，你的玩伴想好的那个数进行的运算不是你想的，而是他自己想出来的。

不过，这种游戏有着它的局限性，并不适合所有的情况。例如，在经过了一系列的计算之后，你得到的算式是$x+10$。这时，你的玩伴说："再减去我想到的那个数，结果是10。"你跟着算出$x+10-x=10$，结果是一个数，而不是一个方程，这样就无法求出他当初想到的那个数了。那么，在这种情况下你能做什么呢？一旦结果中没有x，你就应该立刻喊停，告诉你的同伴他想到的结果。这样一来，你的同伴也会很困惑，对你佩服不已，尽管你没有猜出他想到的那个数，仍然玩得很快乐。

下面，我们来看一个类似的例子（和上面的表格相同，左边是你的同伴的叙述，右边是你心里想的含有未知数的算式）：

我想到一个数，	x
加上4，	$x+4$
乘以2，	$2x+8$
再加上3，	$2x+11$
减去我想的那个数，	$x+11$
加上2，	$x+13$
然后再减去我想到的那个数，	13

这时，你得出的数是13，里面不含未知数x，就应立刻打断你的玩伴，告诉他现在的得数是13。

只要多多练习，你和你的同伴一定可以玩好这种游戏，找到其中的乐趣。

2.13 意料之外，情理之中

我们来看一下这道题：

如果$8\times8=54$，那么，84等于多少呢？

这个问题乍一看很奇怪，但可以利用方程来求解。下面，我们具体解释一下：

解 大家应该想到了，题中的某些数不是按十进制来写的，否则，84就是84，哪里会有“84等于多少”这样的问题。假设未知的计数法是x进制，那么，“84”这个数用方程表示是：

$$84=8x+4$$

“54”的表达式就是$5x+4$。

由题可知，$8\times8=5x+4$，也就是$64=5x+4$，解方程得$x=12$。

因此，题中的某些数是十二进制的数，$84=8x+4=8\times12+4=100$。也就是说，十二进制中的“84”，就是我们通常所说的十进制中的100。

下面这道题也可以用类似的解法求解。

如果$5\times6=33$，那么，100等于多少呢？

答案是81，这道题中的数是九进制的数。

2.13 年龄的倍数问题

题 父亲今年32岁，儿子5岁，请问：几年后父亲的年龄是儿子年龄的10倍？

解 设x年后父亲的年龄是儿子年龄的10倍，那时候父亲的年龄是$32+x$，儿子的年龄是$5+x$，列出方程：

$$32+x=10\times(5+x)$$

解方程得$x=-2$。

也就是说，父亲的年龄两年前是儿子年龄的10倍。在我们列方程时，没有想到今后父亲的年龄不可能是儿子年龄的10倍，这种关系只存在于过去。但是，方程帮我们考虑了多种情况，弥补了我们思考上的不足。

2.15 方程中的奥秘

在求解方程时，会遇到各种情况，使得新手手足无措。接来下，我们举例说明。

题 有一个两位数，个位上的数字比十位上的数字大4，把个位和十位上的数字交换位置后，得到的新数比原来的数大27，求这个两位数。

解 设十位上的数字是x，个位上的数字是y，由题可得：

$$\begin{cases} y-x=4 \\ (10y+x)-(10x+y)=27 \end{cases}$$

第二个方程化简得$y-x=3$，与第一个方程相矛盾，这是什么意思呢？

这表明，不存在符合上述条件的两位数，方程组无解。

求解下面这个方程组时，也会遇到类似的情况：

$$\begin{cases} x^2y^2=8 \\ xy=4 \end{cases}$$

用第一个方程除以第二个方程得到：

$$xy=2$$

这个方程和第二个方程相矛盾，因为$2\neq4$。所以，这个方程组无解。（上面所列举的方程组无解，这类方程组叫做“互不相容”方程组。）

题 把例1中的条件改一下，将会出现另一种奇怪的情况。个位上的数比十位上的数大3，其他的条件不变，这个两位数是多少呢？

解 设十位上的数字是x，个位上的数字是y，得出方程组：

$$\begin{cases} y-x=3 \\ (10y+x)-(10x+y)=27 \end{cases}$$

第二个方程化简后是$y-x=3$，和第一个一样，得到一个等式：

$$3=3$$

不用说，这个等式是正确的，但与x、y的值无关，这是怎么回事呢？是不是说不存在符合题中要求的两位数？

正好相反，上面的等式说明我们所列的方程是恒等式，个位上比十位上大3的两位数都符合题意：

$$14+27=41，25+27=52$$

$$36+27=63，47+27=74$$

$$58+27=85，69+27=96$$

题 有一个三位数，十位上的数是7，个位上的数比百位上的数大4，个位和百位上的数交换后得到的新数比原来的数大396，求这个三位数。

解 设百位上的数是x，列出方程：

$$100(x+4)+70+x-[100x+70+(x+4)]=396$$

解方程得：

$$396=396$$

现在，你已经知道这个结果要怎么解释。这表明，任何一个个位上比百位上大4的三位数都符合题中的要求。

上面的三个例子，都带有人为的性质，是个别的情况，我们的目的是为了锻炼大家求解方程的能力。有了理论的知识，接下来我们就看一下方程在生产、生活、军事等各个领域中的应用。

2.16 理发馆

题 难道理发馆里也会用到方程？是的，我们看下面的例子：

有一次，理发馆里的一位理发师向我提出了一个意外的请求：

“先生，您能帮我们解决一个问题吗？我们都无法解决这个问题。”

“为此，我们浪费了很多溶液！”另一个理发师说。

“是什么问题呢？”我好奇地问。

“我们店里有两种过氧化氢溶液：一种的浓度是30%，另一种的浓度是3%。现在，我们需要把它们混合在一起，兑出浓度是12%的溶液。可是，我们不知道比例是多少……”

理发师给了我一张纸和一支笔，比例很快就算出来了。大家想一下，这道题要怎么求解呢？

解 设需要浓度3%的溶液x克，浓度30%的溶液y克。那么，前一种溶液中含有的过氧化氢是$0.03x$克，后一种溶液中含有的过氧化氢是$0.3y$克，一共是：

$$0.03x+0.3y$$

可以推出，兑好后$(x+y)$克溶液中含有的过氧化氢的含量是$0.12(x+y)$克，得出方程：

$$0.03x+0.3y=0.12(x+y)$$

解方程得$x=2y$，也就是说，兑溶液时需要的含过氧化氢3%的溶液是含30%的溶液的两倍。

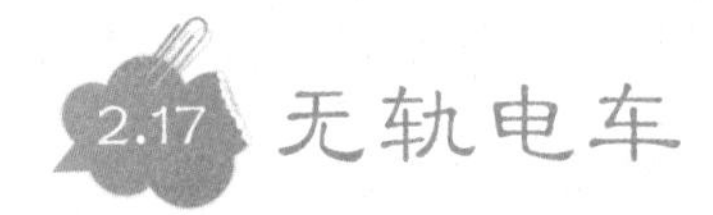

2.17 无轨电车

题 一个人沿着电车轨道行走，发现每隔12分钟有一辆电车赶上他，每隔4分钟有一辆电车迎面驶过。已知：行人和电车都是匀速前进的。那么，始发站每隔几分钟驶出一辆电车？

解 设始发站每隔x分钟驶出一辆电车，也就是说，在某一辆电车追上行人的地方，x分钟后驶过下一辆电车。当第二辆电车追上行人时，它在（$12-x$）分钟内驶过的路程和行人12分钟走的路程相等。那么，行人一分钟走过的路程电车只需$\frac{12-x}{12}$分钟。

迎面驶来一辆电车，4分钟后又一辆电车来到我面前，这辆电车在（$x-4$）分钟里驶过的路程和我4分钟走的路程相等。所以，行人一分钟走过的路程电车用$\frac{x-4}{4}$分钟。列出方程：

$$\frac{12-x}{12}=\frac{x-4}{4}$$

解方程得$x=6$，始发站每隔6分钟发出一辆电车。

还可以用另一种方法解答此题。假设前后两辆电车之间的距离是a，行人和迎面驶来的电车之间的距离每分钟缩短$\frac{a}{4}$（因为两辆电车之间的距离是a，而这段距离是行人和刚刚驶过去的那辆电车在4分钟内共同完成的）。如果电车从后面向行人驶来，电车和行人之间的距离每分钟缩短$\frac{a}{12}$。假设行人先向前走1分钟，再往回走1分钟，回到原来的地方。这样，行人和迎面驶来的电车的距离在前一分钟缩短了$\frac{a}{4}$，后一分钟缩短了$\frac{a}{12}$。两分钟内，行人和这辆电车之间的距离缩短了$\frac{a}{4}+\frac{a}{12}=\frac{a}{3}$。

如果行人站在原地不动，结果一样，因为他最终回到了原来的位置。如果行人原地不动，一分钟电车向他驶近了$\frac{a}{3}\div 2=\frac{a}{6}$，那么，电车驶过距离$a$需要的时间是6分钟。也就是说，每隔6分钟就有一辆电车驶过站着不动的行人面前。

2.18 过河问题

题 A城和B城位于一条河的两边，A城在上游，B城在下游。轮船从A城到B城需要5个小时（中间不停），从B城到A城是逆流，还是原来的速度走了7个小时。请问：乘坐木筏从A城到B城需要多少时间（木筏的速度等于流速）？

解 设轮船在静水时从A城到B城需要x小时，木筏顺流从A城到B城需要y小时。那么，轮船在静水中一个小时走过的距离是$\frac{1}{x}$，木筏在流水中一个小时走过的距离是$\frac{1}{y}$。因此，轮船在顺流中一个小时走过的距离是$\frac{1}{x}+\frac{1}{y}$，在逆流中一个小时走过的距离是$\frac{1}{x}-\frac{1}{y}$。列出方程组：

$$\begin{cases}\frac{1}{x}+\frac{1}{y}=\frac{1}{5}\\ \frac{1}{x}-\frac{1}{y}=\frac{1}{7}\end{cases}$$

第一个方程减去第二个方程得到：

$$\frac{2}{y}=\frac{2}{35}$$

因此，$y=35$，乘坐木筏从A城到B城需要35个小时。

2.19 铁罐中的咖啡

题 有两个装满咖啡的铁罐，形状和材料都相同。其中，一个铁罐的重量2千克，高12厘米；另一个铁罐重1千克，高是9.5厘米。请问：两个铁罐中的咖啡净重各是多少？

解 设大铁罐中的咖啡重x千克，小铁罐中的重y千克，大铁罐的重量是z千克，小铁罐的重量是t千克。列出方程：

$$\begin{cases} x+z=2 \\ y+t=1 \end{cases}$$

由于铁罐中咖啡的重量和铁罐的体积是正比关系，也就是和高的立方成正比[①]，所以

$$\frac{x}{y}=\frac{12^3}{9.5^3}\approx 2.02\text{，也就是说，}x=2.02y$$

铁罐本身的重量和它的表面积是正比关系，即和高的平方成正比，所以

$\frac{z}{t}=\frac{12^2}{9.5^2}\approx 1.60$，即$z=1.60t$

把x和z的表达式代入方程组得：

$$\begin{cases} 2.02y+1.60t=2 \\ y+t=1 \end{cases}$$

①这种关系只适用于铁皮不厚的罐头，（严格来说，罐头的内外表面积不相等，而且，罐头内外的高也是有差别的）。

解方程组得到：

$$\begin{cases} y=\frac{20}{21}=0.95 \\ t=0.05 \end{cases}$$

由此推出，$x=1.92$，$z=0.08$。

所以，大铁罐中的咖啡净重是1.92千克，小铁罐中的咖啡净重是0.95千克。

2.20 元旦晚会

题 在元旦晚会上，一共有20个人跳舞。其中，有7个男士和玛丽亚跳过舞，8个男士和奥尔加共舞过，和薇拉跳过的有9个男士……以此类推，尼娜和所有的男士跳过舞。请问，晚会上跳舞的男士有多少个？

解 只要选对了未知数，这道题非常简单。我们不要管跳舞的男士的个数，而是看一下女士的个数，设女士的数目是x。第一位女士玛丽亚和（6+1）个男士跳过舞，第二位女士奥尔加和（6+2）个男士跳过舞，第三位女士薇拉和（6+3）个男士跳过舞……第x位女士尼娜和（$6+x$）个男士跳过舞。得出方程：

$$x+(6+x)=20$$

解方程得：

$$x=7$$

男士的人数是：

$$20-7=13$$

所以，有13个男士参加了元旦晚会。

2.21 侦察船

题 一支舰队在海上行驶，其中的一艘侦察船被派去侦察舰队前方70海里的海域。已知舰队每小时前进35海里，侦察船每小时前进70海里，请问：多长时间后侦察船可以回归舰队？

解 设x小时后侦察船可以回到舰队，在这段时间里，侦察船行驶的里程是$70x$，舰队行驶的里程是$35x$。侦察船航行70海里后，返回去和舰队会合，也就是说舰队和侦察船一共航行了两个70海里，列出方程：

$$70x+35x=140$$

解方程得：

$$x=\frac{140}{105}=1\frac{1}{3}$$

也就是说，1小时20分钟后侦察船可以回归舰队。

题 侦察船接到命令要对前方的海域进行侦察。3个小时后这艘侦察船回到舰队，已知侦察船的速度是每小时60海里，舰队的速度是每小时40海里，请问：侦察船何时掉头往回走？（图2-7）

图2—7

解 设侦察船行驶x小时后需要掉头，也就是说，这艘侦察船往前方行驶了x小时，掉头后行驶的时间是（$3-x$）小时，侦察船将要掉头时和舰队之间的距离是：

$$60x-40x=20x$$

侦察船掉头后行驶的里程是$60(3-x)$海里，舰队行驶的里程是$40(3-x)$海里，它们行驶的总里程等于侦察船将要掉头是和舰队的距离$20x$，列出方程：

$$60(3-x)+40(3-x)=20x$$

解方程得：

$$x=2.5$$

也就是说，侦察船往前行驶2小时30分钟后就应该掉头往回走，3个小时后才能够回到舰队中。

2.22 自行车赛场

题 在自行车赛场上，两个自行车选手正在比赛，行驶的速度不变。已知环形赛道的长度是170米，当他们反方向行驶时，每隔10秒相遇一次；当他们同向行驶时，每隔170秒相遇一次。请问：两个自行车选手的车速各是多少？

解 设其中一个选手的车速是每秒钟x米，另一个选手的车速是每秒钟y米。当他们反向行驶时，两个人用了10秒钟骑完了环形赛道的长度170米，列出方程：

$$10x+10y=170$$

如果这两个选手是同向行驶，当他们在170秒后相遇时，一个人行驶的路程是$170x$，另一个人行驶的路程是$170y$，这时骑车快的那个人比骑车慢的那个人多骑了一圈，列出方程：

$$170x-170y=170$$

将两个方程化简后得：

$$\begin{cases} x+y=17 \\ x-y=1 \end{cases}$$

解方程组得：

$$\begin{cases} x=9 \\ y=8 \end{cases}$$

所以，一个选手的车速是每秒钟9米，另一个选手的车速是每秒钟8米。

2.23 摩托车赛事

题 有三辆摩托车参加比赛，它们同时出发，第一辆摩托车比中间的那辆每小时快15千米，中间的那辆每小时比第三辆快3千米。中间的那辆摩托车比第一辆晚12分钟到达终点，比第三辆早3分钟到达终点。请问：

（1）赛程的长度是多少千米？

（2）三辆摩托车的速度各是多少？

（3）三辆摩托车行驶完全程各需多少时间？

解 尽管题中有7个未知数，但我们在解题时只需要两个，设中间那辆摩托车的速度是每小时x千米，那么，第一辆摩托车的速度是每小时（$x+15$）千米，第三辆摩托车的速度是每小时（$x-3$)千米。

设赛程的长度是y千米，每辆摩托车跑完全程所用的时间是：

第一辆摩托车

$$\frac{y}{x+15}$$

第二辆摩托车

$$\frac{y}{x}$$

第三辆摩托车

$$\frac{y}{x-3}$$

已知，中间的那辆摩托车比第一辆晚12分钟（$\frac{1}{5}$小时）到达终点，比第三辆早3分钟（$\frac{1}{20}$小时）到达终点，列出方程组：

$$\begin{cases} \frac{y}{x}-\frac{y}{x+15}=\frac{1}{5} \\ \frac{y}{x-3}-\frac{y}{x}=\frac{1}{20} \end{cases}$$

先把第二个方程乘以4，然后用第一个方程减去所得的方程是：

$$\frac{y}{x}-\frac{y}{x+5}-4\left(\frac{y}{x-3}-\frac{y}{x}\right)=0$$

方程两边同时除以y（我们知道y的值绝对不是0），然后化去分母，得到：

$$(x+15)(x-3)\ -x(x-3)\ -4x(x+15)\ +4(x+15)(x-3)\ =0$$

化简后得到：

$$3x-225=0$$

所以，$x=75$。

把x的值代入第一个方程中得到：

$$\frac{y}{75}-\frac{y}{90}=\frac{1}{5}$$

解方程得：

$$y=90$$

因此，赛程的长度是90千米。

三辆摩托车的速度很容易求出来，它们是：

第一辆摩托车的速度是每小时90千米，第二辆摩托车的速度是每小时75千米，第三辆摩托车的速度是每小时72千米。

用赛程的长度除以摩托车的速度就得到跑完全程的时间，分别是：

第一辆摩托车需要1小时，第二辆的摩托车需要1小时12分钟，第三辆摩托车需要1小时15分钟。

到此，题中的7个未知数都求出来了。

2.24 汽车的平均速度

题 一辆汽车从A城开往B城，速度是每小时60千米，返回时的速度是每小时40千米，请问：这辆汽车的平均速度是多少？

解 这道题看起来很简单，因此误导了一些人。他们不考虑其他的条件，自以为求的是40和60的平均数，也就是：

$$\frac{60+40}{2}=50$$

如果这辆汽车去时和返回时所用的时间相同，这个答案就是正确的。但是很明显，在路程相同的情况下，速度不同，时间当然不相同。所以，上面的答案是错误的。

下面，我们对这道题求解。设汽车的平均速度是每小时x千米，A、B两城之间的距离是a千米，列出方程：

$$\frac{2a}{x}=\frac{a}{60}+\frac{a}{40}$$

由于a的值不为零，方程两边同时除以a，得到：

$$\frac{2}{x}=\frac{1}{60}+\frac{1}{40}$$

解方程得：

$$x=48$$

由此可知，汽车行驶的平均速度是每小时48千米，而不是50千米。

如果我们用字母表示汽车的速度，去时的速度是每小时m千米，返回时的速度是每小时n千米，列出方程：

$$\frac{2a}{x}=\frac{a}{m}+\frac{a}{n}$$

解方程得：

$$x=\frac{2}{\frac{1}{m}+\frac{1}{n}}$$

x称为m和n的调和平均值。

由此可知，行驶的平均速度就是行驶速度的调和平均值，而不是它们的算术平均值。而且，调和平均值要小于算术平均值。

2.25 用计算机解方程

谈到方程，就不能不提利用计算机解方程这个问题。前面我们已经讲过，计算机可以“下象棋”。另外，计算机还可以做其他的工作，例如，翻译语言，演奏乐曲等。

当然，我们不会研究“下象棋”和“语言翻译”的程序，因为这些程序太复杂了。我们只分析两个最简单的程序。在分析之前，我们先来看一下计算机的结构。

在第一章中我们就说过，有一种运算装置，一秒钟可以完成成千上万次运算，这个装置是计算机中的运算器。此外，计算机中还有控制器，调控计算机中的所有工作；存储器，也叫记忆装置，用来存放数据和预定的信号；输入和输出装置，输入新的数据及输出计算的结果。

大家都知道，把声音刻录到唱片上，就可以反复播放。不过，一张唱片只能录制一次，再想刻录就得换一张唱片。录音机的录制却不同，它是利用一种特殊胶带的磁性作用来录制的。录制之后不仅可以反复播放，还可以“抹掉”，录制其他的内容。一条磁带可以使用多次，当录制上新的内容之后，原来的内容就会“自动抹掉”。

计算机的存储器就是根据这个原理工作的。数据和预定的信号（借助于电信号、磁信号或机械信号）被刻录到磁带或者其他的装置上，需要的时候，这些数据和信号就会被“读”出来，不需要时就可以抹掉，再刻录新的内容。“记”和“读”这些数据和信号仅仅需要百万分之几秒的时间。

存储器由几千个单元组成，每个单元里都有几十个存储元件。假设二进制的存储是这样的：被磁化的元件表示 1，没有磁化的元件表示 0。比如，存储器的每个单元有 25 个元件，该单元的第一个元件表示数的符号（正或者负），接下来的 14 位用来存储数据的整数部分，剩下的 10 位存储数据的小数部分。图 2−8 表示的是存储器的两个单元，每个单元含有 25 个元件，用“+”表示被磁化的元件，“−”表示没有被磁化的元件。先来看一下上面那个单元，用虚线把符号位和数据隔开。这个单元中记录的数据是 1011.01，也就是十进制的 11.25。

存储器的单元不仅可以存储数据，还可以存储指令，而程序就是由指令组成的。我们分析一下，三地址的计算机的指令是由哪些部分组成的。这时，存储器单元要分成四段（图 2−8 下面的那个单元），第一段表示操作，操作是以数的形式（编码的形式）写入存储单元中的。例如：

加————操作 Ⅰ

减————操作 Ⅱ

乘————操作 Ⅲ

除————操作 Ⅳ

……

指令是这样表示的：单元的第一段表示操作码，第二段和第三段表示存储单元的编号（地址码），第四段存放所得结果的存储单元编号（地址码）。例如，图2-8的下行记录的二进制数是11、11、111、1011，也就是十进制中的3、3、7、11，表示的命令是：用位于第3和第7存储单元的数字完成操作Ⅲ的运算（乘法），把得到的结果存到第11号存储单元中。

下面，我们直接以十进制的形式记录数据和命令。例如，图2-8可以记作：

乘　3　7　11

我们来看下面这一个程序：

（1）加　4　5　4

（2）乘　4　4　→

（3）转移　1

（4）0

（5）1

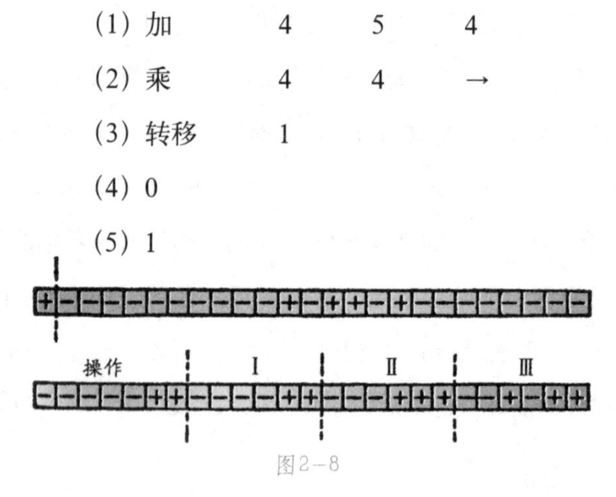

图2-8

第一条指令：把存储器中第4存储单元和第5存储单元的数据相加，并把结果放到第4存储单元中。由此可知，计算机第4存储单元记录的数据是0+1=1。执行完第一条指令后，第5存储单元中存储的数据不变，第4存储单元中的数据由0变成1。

第二条指令：对第4存储单元中的数进行自乘运算，把结果1^2输出（箭头表示输出）。

第三条指令：转移操作到第1存储单元，也就是说返回去执行第一条指令。

第一条指令：把第4存储单元和第5存储单元的数据相加，并把结果放到第 4 存储单元中。第 4 存储单元中的数由 1 变成 2。

第二条指令：对第 4 存储单元中的数进行自乘运算，把结果 2^2 输出。

第三条指令：转移操作到第 1 存储单元（又回到第一条指令）。

第一条指令：把数据 2+1=3 存入第 4 存储单元中，第 4 存储单元中的数由 2 变成 3。

第二条指令：把第 4 存储单元中数据 3 自乘后输出。

第三条指令：转移操作到第 1 存储单元中，等等。

我们发现，计算机在不停地计算整数的平方，并且把结果输出。我们不必输入新的数据，计算机会自己选出一个个整数，并把它们平方。计算机按照这个程序，在很短的时间内就能够算出 1 ~ 10 000 中所有整数的平方。

需要说明的是，用计算机计算整数的平方的真正程序比上面的要复杂。第一个问题是针对第二条指令而言的，输出结果需要的时间比完成一道程序用的时间多得多。因此，计算机会把结果先储存到空闲的存储单元里，计算完成后再输出。上面的程序没有考虑到这个问题。

此外，计算机不能长时间进行平方运算，因为存储器的存储单元有限，在完成了我们所需要的运算后也无法及时停机，因为计算机每秒钟可以进行几千次的运算。因此，为了能够及时停机，需要一套特殊的指令。例如，在完成了 1 ~ 10 000 中所有整数的平方后，计算机会自动停机。

在计算机中，计算 1 ~ 10 000 中所有整数的平方的程序是这样的：

(1)	加	8	9	8
(2)	乘	8	8	10
(3)	加	2	6	2
(4)	条件转移	8	7	1
(5)	停			
(6)		0	0	1
(7)	10 000			

(8)　0

(9)　1

(10)　0

(11)　0

(12)　0

前面两条指令和我们上面所说的简单程序中的指令一样，执行完前两条指令后，第 8、第 9 和第 10 存储单元中的数据将变为：

(8)　1

(9)　1

(10)　1^2

第三条指令：把第 2 存储单元和第 6 存储单元中的数相加，结果放到第 2 存储单元中，第 2 存储单元的数据变成：

(2)　乘　8　8　11

可以看出，第三条指令完成后，第二条指令发生了变化，准确地说，存储结果的单元地址发生了变化，后面我们会解释出现这种情况的原因。

第四条指令：如果第 8 存储单元的数小于第 7 存储单元的数，就转移去执行第一条指令，反之，则执行下一条指令。现在，第 8 存储单元中的 1 小于第 7 存储单元中的 10 000，因此转移到第一条指令。

第一条指令完成后第 8 存储单元中的数将会变成 2。

第二条指令现在的形式是：

(2)　乘　8　8　11

也就是说，把 2^2 存储到第 11 存储单元中。现在可以明白为什么要先进行第三条指令了，因为第 10 个存储单元被占用了，所以应该把 2^2 放到第 11 个存储单元里。这时，有了下面的数据：

(8)　2

(9)　1

(10) 1^2

(11) 2^2

执行完第三条指令后，第 2 存储单元的形式是：

(2)　乘　8　8　12

也就是说，计算结果将被储存到下一个单元中。因为第 8 存储单元里的数依然小于第 7 存储单元里的数，第 4 条指令的意思是返回第一条指令。

执行完第一、二条指令后，我们得到：

(8)　2

(9)　1

(10) 1^2

(11) 2^2

(12) 3^2

计算机会按照这个程序一直执行下去，那么，什么时候会停止呢？当第 8 存储单元里的数是 10 000 的时候，算完了 1 ~ 10 000 中所有整数的平方后。这时会执行第五条指令：停机，因为第 8 存储单元里的数不再小于第 7 存储单元里的数了。

接下来，我们来看第二个程序，求解方程组。我们要分析的是经过简化后的程序，如果读者感兴趣的话，可以试着写出完整的程序。

假设有一个方程组：

$$\begin{cases} ax+by=c \\ dx+ey=f \end{cases}$$

解方程得：

$$\begin{cases} x=\dfrac{ce-bf}{ae-bd} \\ y=\dfrac{af-cd}{ae-bd} \end{cases}$$

求解这样的方程组（a、b、c、d、e、f是常数），你最少要用几十秒的时间，而计算机一秒钟就能解出上千个这样的方程组。

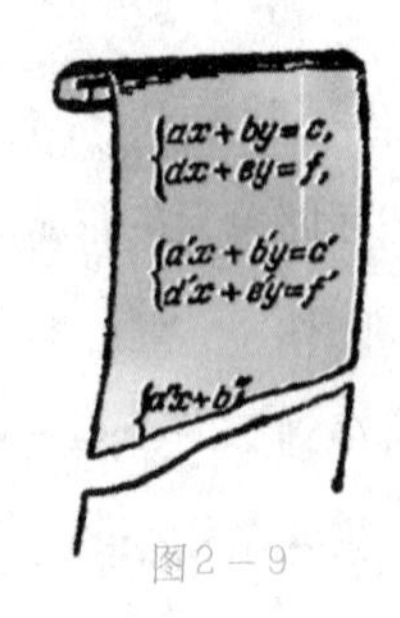

图2－9

我们来看下面这个程序，假设有几个这样的方程组：

(1)	×	28	30	20	(14)	+	3	19	3	(27)	b
(2)	×	27	31	21	(15)	+	4	19	4	(28)	c
(3)	×	26	30	22	(16)	+	5	19	5	(29)	d
(4)	×	27	29	23	(17)	+	6	19	6	(30)	e
(5)	×	26	31	24	(18)	转移		1		(31)	f
(6)	×	28	29	25	(19)		6	6	0	(32)	a'
(7)	−	20	21	20	(20)		0			(33)	b'
(8)	−	22	23	21	(21)		0			(34)	c'
(9)	−	24	25	22	(22)		0			(35)	d'
(10)	÷	20	21	→	(23)		0			(36)	e'
(11)	÷	22	21	→	(24)		0			(37)	f'
(12)	+	1	19	1	(25)		0			(38)	a''
(13)	+	2	19	2	(26)		a			………	

第一条指令：把存储器中第28存储单元和第30存储单元的数据相乘，结果存储到第20存储单元中。也就是说，把ce放到第20存储单元中。

依此执行第二到第六条指令，完成后，第20存储单元到第25存储单元中的数据是：

(20) ce

(21) bf

（22）ae

（23）bd

（24）af

（25）cd

第七条指令：用存储器第 20 单元中的数据减去第 21 单元中的数据，把结果（即 ce − bf）存入第 20 单元中。

依次完成第八、第九条指令，然后第 20、21 和 22 存储单元中的数据变成：

（20）ce − bf

（21）ae − bd

（22）af − cd

第十条和第十一条指令是做除法：

$$\frac{ce-bf}{ae-bd}，\frac{af-cd}{ae-bd}$$

并把结果输出。这就是第一个方程组中 x 和 y 的解。

第十二到第十九条指令是解第二个方程组的，我们来分析一下计算机是怎么执行这些指令的。第十二条指令是把第1存储单元和第19存储单元中的数据相加，并把结果放到第1存储单元中。依次完成第十三到第十七条指令，这时第1存储单元到第6存储单元中的数据变成了：

（1）	×	34	36	20
（2）	×	33	37	21
（3）	×	32	36	22
（4）	×	33	35	23
（5）	×	32	37	24
（6）	×	34	35	25

第十八条指令：转移到第 1 存储单元，也就是去执行第一条指令。

到此，前六个存储单元中的数据发生了什么变化呢？这些单元中的前两个地址的编码发生了变化，从 26 ~ 31 变成了从 32 ~ 37。也就是说，计算机还是在重复原来的计算，只是指令中第二和第三段中操作数的地址码发生了变化，不再从第 26 存储单元到第 31 存储单元中取数，而是从第 32 存储单元到第 37 存储单元中取数。这样，计算机就解出了第二个方程组。依此类推，一直到解完所有的方程组为止。

上面的例子告诉我们，程序对于计算机是多么重要。因为计算机能够快速地完成各种运算，都是程序的功劳，离开这些程序，计算机什么也做不了。这些程序有求平方根的程序、对数据进行计算的程序、求三角函数的程序、解高次方程的程序，还有前面提到的下象棋的程序，语言翻译程序等。当然，问题的复杂程度决定了程序的复杂程度。

最后想要告诉大家的是，有一种编程程序，能够使计算机自动编写解题的程序，大大减轻了编程人员的负担。

第3章

代数在算术中的应用

当算术方法不能证明一些论断是否正确时，就需要借助代数的方法。例如，简单算法、数的特征、能否被整除等，这些算术命题都需要用代数来证明。本章的内容就是围绕这些展开的。

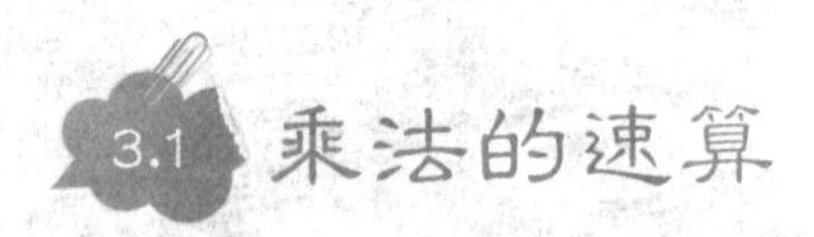

3.1 乘法的速算

对计算很熟练的人，通常会用简单的方法计算复杂的运算，以此来提高工作效率。我们来看一个例子：

$$988^2$$

可以这样计算：

$$988\times988=(988+12)\times(988-12)+12^2$$
$$=1\ 000\times976+144$$
$$=976\ 144$$

很明显，这道题使用的是下面的代数方法：

$$a^2=a^2-b^2+b^2=(a+b)\times(a-b)+b^2$$

实际上，我们可以用这个公式来口算：

$$27^2=(27+3)\times(27-3)+3^2=729$$
$$62^2=60\times64+2^2=3844$$
$$18^2=20\times16+2^2=324$$
$$38^2=40\times36+2^2=1444$$
$$47^2=50\times44+3^2=2209$$
$$52^2=50\times54+2^2=2704$$

下面，我们来计算 986 和 997 的乘积：

$$986\times997=(986-3)\times1\ 000+3\times14=983\ 042$$

为什么这样计算呢？我们把986×997写成：

$$(1\ 000-14)\times(1\ 000-3)$$

把二项式乘出来并化简：

$$1\ 000\times1\ 000-1\ 000\times14-1\ 000\times3+14\times3$$

$$=1\ 000(1\ 000-14)-1\ 000\times3+14\times3$$

$$=1\ 000\times986-1\ 000\times3+14\times3$$

$$=1\ 000\times(986-3)+14\times3$$

这时的算术式就是我们使用的方法。

两个三位数相乘时，如果十位和百位上的数相同，个位上的数的和是10，例如：

$$783\times787$$

可以这样计算：

$$78\times79=6\ 162,\ 3\times7=21$$

乘积就是616 221。

看了下面的计算方法，就知道为什么这么算了：

$$783\times787$$

$$=(780+3)\times(780+7)$$

$$=780\times780+780\times3+780\times7+3\times7$$

$$=780\times780+780\times10+3\times7$$

$$=780\times(780+10)+3\times7$$

$$=780\times790+21$$

$$=616\ 200+21$$

计算这类乘法，还可以使用更简单的方法：

$$783\times787$$

$$=(785-2)\times(785+2)$$

$$=785^2-4$$
$$=616\ 225-4$$
$$=616\ 221$$

这种方法需要求785的平方。

下面的方法可以求末位是5的数的平方：

35^2：$3\times4=12$，答案是1 225；

65^2：$6\times7=42$，答案是4 225；

75^2：$7\times8=56$，答案是5 625。

运算的规则：十位上的数乘以它加上1的数，在乘积后面写上25就可以了。

为什么要这样计算呢？我们来证明一下。假设十位上的数是a，那么这个数可以表示为：

$$10a+5$$

它的平方是：

$$100a^2+100a+25$$
$$=100a(a+1)+25$$

$a(a+1)$表示的是十位上的数和它加1的数的乘积，乘以100再加上25的效果和直接在后面写上25一样。

上面的方法还可以用来计算后面带有$\frac{1}{2}$的数的平方，例如：

$$\left(3\frac{1}{2}\right)^2=3.5^2=12.25=12\frac{1}{4}$$

$$\left(7\frac{1}{2}\right)^2=56\frac{1}{4}$$

$$\left(8\frac{1}{2}\right)^2=72\frac{1}{4}$$

3.2 末位是1、5、6的数

大家都知道，末位是1或者5的数相乘之后，乘积的最后一位还是1或者5。那么，你知道末位是6的数字也是这种情况吗？我们来看一下，末位是6的数的任意次方，其结果的最后一位仍然是6。例如：

$$46^2=2116，46^3=97336$$

末位是1、5、6的数的这种特征可以用代数方法来证明。我们先来看一下末位是6的数。它可以写成：

$10a+6$，$10b+6$（a、b是任意正整数）

两个数相乘得到：

$$100ab+60a+60b+36$$
$$=10（10ab+6a+6b）+30+6$$
$$=10（10ab+6a+6b+3）+6$$

由此可知，乘积是由10的倍数加上6组成的，所以乘积的最后一位一定是6。

这个方法同样可以证明末位是1或者5的数的乘积，请大家自己去证明。

根据上面的规则可以得知：

386^{2567}的最后一位是6，

815^{723}的最后一位是5，

491^{1732}的最后一位是1，等等。

3.3 末位是25和76

有一些两位数也有着末位是1、5、6这样的数的特征，25和76就是这样的数。也就是说，最后两位是25或者76的数相乘，所得的乘积的最后两位仍然是25或者76。

下面我们来证明一下，最后是76的数可以写成：

$$100a+76，100b+76$$

两个数相乘得到：

$$10\ 000ab+7\ 600a+7\ 600b+5\ 776$$
$$=10\ 000ab+7\ 600a+7\ 600b+5\ 700+76$$
$$=100(100ab+76a+76b+57)+76$$

这就说明了最后两位是76的数的乘积的最后两位依然是76。

由此可知，最后两位是76的数的任意次方的最后两位也是76，例如：

$$376^2=141376，576^3=191102976$$

3.4 无限长的数

有些末尾是一长串的数字的数的各种次方，其结果还是那一长串的尾数。

我们知道，25和76是具有这种特征的两位数，想要找出具有相同特征的三位数，就需要在25和76的前面添上一个相应的一位数。假设应该添上的那个数字是k，所求的三位数可以表示成：

$$100k+76$$

尾数是这个三位数的数可以写成：

$$1\,000a+100k+76，1\,000b+100k+76$$

这两个数相乘得到：

$$1\,000\,000ab+100\,000ak+100\,000bk+76\,000a+76\,000b+$$
$$10\,000k^2+15\,200k+5\,776$$

除了最后两个数，其他的数都是1 000的倍数。如果最后两个数的和与（$100k+76$）的差：

$$15\,200k+5\,776-(100k+76)$$
$$=15\,100k+5700$$
$$=15\,000k+5\,000+100(k+7)$$

是1 000的倍数，那么乘积的末尾就是（$100k+76$）。很明显，只有当k的值是3的时候，才符合条件。

所以，所求的三位数是376，376的任意次方的尾数依然是376，例如：

$$376^2=141376$$

我们可以想一下，具有这种特征的四位数应该是在376的前面再加上一位数。如果这个数字是h，就得到这样一个问题：当h是多少的时候，（$10\,000a+1\,000h+376$）和（$10\,000b+1\,000h+376$）的乘积的尾数才是（$1\,000h+376$）呢？两个三项式相乘后，去掉尾数是4个零的各项，剩余的是：

$$752\,000h+141\,376$$

用这个式子减去（$1\,000h+376$）的差：

$$752\,000h+141\,376-(1\,000h+376)$$
$$=751\,000h+141\,000$$
$$=(750\,000h+140\,000)+1000(h+1)$$

如果差数能被10 000整除，乘积的末位就会是$1\,000h+376$。显然，只有$h=9$的时候才符合条件。

于是，所求的四位数是9376。如果想找出这样的五位数，就需要在9376

的前面加上一个相应的一位数，按照前面的推理可以得出09 376。再进一步推理，可以得出六位数109 376，再往后是七位数7 109 376，等等。

在所得的数前面无限地添加下去，就可以得到一个有着无限尾数的数：

…7 109 376

这一类的数可以进行加法和乘法运算，因为这两种运算的竖式都是从右向左进行的。并且，两个这样的数的和还可以逐位减去许多数字。

有意思的是，上面的数“…7 109 376”满足方程：

$$x^2=x$$

这是令人难以相信的。实际上，由于这个数的尾数是76，所以它的平方的最后两位也是76。同理，尾数是376，甚至是9 376等的数的平方，其尾数也会是376、9 376……也就是说，当$x=$…7 109 376时，从x^2中去掉一系列的项，就能得到一个等于x的数，因此$x^2=x$。

我们分析了尾数是76的数[①]，用同样的方法可以分析尾数是25的数，经过推理后，我们得到下面一系列的数：

5、25、625、0 625、90 625、890 625、2 890 625，等等。于是，我们可以写出另一个尾数无限长的数：

…2 890 625

这个数也满足方程$x^2=x$，而且，这个数等于：

$$(((5^2)^2)^2)^2\cdots$$

这个结果就代数语言表示就是方程$x^2=x$（不包括$x=0$和$x=1$），两个解是：

$$x=\cdots 7\ 109\ 376,\ x=\cdots 2\ 890\ 625$$

除此之外，在十进制中没有别的解[②]。

①不难推出，两位数76的平方也可以用上面的方法求得：只需在6的前面加一个数可以得到上述的性质就行了，比如数“7 109 376”可以看作是在6前面逐个加上相应的乘数得到的。

②具有这种特征的无限长的数在其他的进制中也有。

3.5 补差

题 有两个牲口贩子，他们把共有的一群牛卖了，这群牛的数量等于每头牛卖的钱数。不久后，他们两个用卖牛的钱买了一群绵羊，一只大羊需要10元，剩余的零头买了一只小羊羔。两个人把这群羊平分，一个人多得了一只大羊，另一个人得到了那只小羊羔，为了使两个人的利益均等，得到大羊的那个人需要补给得到小羊羔的那个人多少钱呢？（假设补给的钱数是整数。）

解 我们无法把这道题直接转换成代数语言，所以采用自由的数学思考来解题。不过，代数在里面起了重要的作用。

经过分析我们得知，卖牛的钱数应该是一个完全平方数，因为钱数是牛的单价和数量的乘积，而单价等于数量。由于有个人多得了一只大羊，所以大羊的个数是奇数。如果钱数用n^2表示，那么，n^2这个数的十位上是奇数，但个位上是多少呢？

如果一个数的完全平方数的十位上是奇数，个位上只能是6。下面，我们来证明一下。

假设有一个两位上，它的十位上是a，个位上是b，那么，这个两位数的平方是：

$$(10a+b)^2$$
$$=100a^2+20ab+b^2$$
$$=(10a^2+2ab)\times10+b^2$$

这个平方的十位上的数是由（$10a^2+2ab$）中的个位上的数加上b^2中的十位上的数组成的，由于（$10a^2+2ab$）个位上的数是偶数，所以b^2的十位上是奇数。现在，我们来分析一下b^2是什么数。它是个位数的平方，可能的结果是：

0、1、4、9、16、25、36、49、64、81

在这十个数中，只有16和36的十位上是奇数，而且它们的个位上都是6。也就是说，

$$100a^2+20ab+b^2$$

这个完全平方数的个位上是6的时候，十位上才是奇数。

现在，问题的答案就很清楚了，小羊羔的价钱是6元。也就是说，分到这只小羊羔的人比分到大羊的人少得到4元，所以得到大羊的那个人需要补给得到小羊羔的那个人2元钱。

3.6 能够被11整除的数

在做除法之前，我们要了解一下数的特征，依此来考虑它能否被另一个数整除。我们已经知道了，能够被2、3、4、5、6、7、8、9、10这些数整除的数的特征。下面，我们来分析一下，什么数能够被11整除，它们有什么特征。

假设有一个多位数N，它的个位上的数是a，十位上的数是b，百位上是c，千位上是d……那么，这个数可以写成：

$$N=a+10b+100c+1\ 000d+\cdots$$
$$=a+10（b+10c+100d+\cdots）$$

这里的省略号代表的是N的千位之后的各位数的总和。11的倍数可以写成：

$$11（b+10c+100d+\cdots）$$

N减去11的倍数的差值是：

$$a-b-10（c+10d+\cdots）$$

这个数除以11的余数等于N除以11的余数。用这个差值加上11的倍数

得到：

$$a-b-10(c+10d+\cdots)+11(c+10d+\cdots)$$
$$=a-b+c+10(d+\cdots)$$

它除以 11 的余数也等于 N 除以 11 的余数。再用这个数减去 11 的倍数

$$11(d+\cdots)$$

一直继续下去，我们将得到：

$$a-b+c-d+\cdots$$
$$=(a+c+\cdots)-(b+d)$$

这个数除以 11 所得到的余数仍然等于 N 除以 11 得到的余数。

由此可知，能够被 11 整除的数的特征是：当所有奇数位上的总和与所有偶数位上的总和的差值是 0 或者 11 的倍数（正、负都可以）时，这个数能够被 11 整除，否则就不能。

现在，我们来看一下87 635 064这个数是否能被11整除：

奇数位上的总和=7+3+0+4=14，

偶数位上的总和=8+6+5+6=25，

14－25=－11。

所以，这个数能被11整除。

能够被 11 整除的数还有一种特征，下面的方法用来判断不是很长的数。把被除数从右向左分节，两位为一节，然后把每节的数相加，所得的和能够被 11 整除，这个数就能被 11 整除，反之，则不能。

假如我们要判断的数是 528，按照上述方法，把它分成两节（5 和 28），每节的数相加得：

$$5+28=33$$

由于33能够被11整除，所以528也能被11整除：

$$528\div 11=48$$

接下来，我们来验证一下这种方法是否正确。把多位数N按照每两位或者

一位[①]分节，这些节上的数从右到左用a、b、c等表示，数N可以写成：

$$N=a+100b+10\ 000c+\cdots$$
$$=a+100(b+100c+\cdots)$$

用N减去11的倍数99$(b+100c+\cdots)$，得到：

$$a+(b+100c+\cdots)$$
$$=a+b+100(c+\cdots)$$

这个数除以11得到的余数等于N除以11得到的余数。然后用这个数减去11的倍数99$(c+\cdots)$，一直这样算下去，我们发现，N除以11的余数和

$$a+b+c+\cdots$$

除以11得到的余数相等。

3.7 汽车的车牌号

题 一辆汽车的车牌号（由四位数组成）有如下的特征：前两位数字相同，后两位数字也相同，而且这个四位数是一个完全平方数。是否能根据这些特征确定汽车的车牌号呢？

解 设车牌号的第一位和第二位是数字a，第三位和第四位是数字b，这个四位数用a和b表示就是：

$$1\ 000a+100a+10b+b$$
$$=1\ 100a+11b$$
$$=11(100a+b)$$

这个数能够被11整除，所以它也能够被112整除（它是一个完全平方

①如果N的位数是奇数，最高位上的数是最后一节。

数）。也就是说，（100a+b）能够被11整除。根据上面所说的能够被11整除的数的特征可以得知，（a+b）能够被11整除，这就是说：

$$a+b=11$$

因为a和b都是小于10的数。

由于这个四位数是一个完全平方数，所以最后一位b，可能的取值是：

0、1、4、5、6、9

因为$a=11-b$，所以a可能的取值是：

11、10、7、6、5、2

11和10不符合要求，因为a的值小于10，所以a、b可能的组合是：

$$\begin{cases} a=7 \\ b=4 \end{cases}$$

$$\begin{cases} a=6 \\ b=5 \end{cases}$$

$$\begin{cases} a=5 \\ b=6 \end{cases}$$

$$\begin{cases} a=2 \\ b=9 \end{cases}$$

汽车的车牌号是下面四个数中的一个：

7 744、6 655、5 566、2 299

但是，后面的三个数都不是完全平方数，6 655虽然能够被5整除，但不能被25整除；5 566是2的倍数，但不是4的倍数；2 299=121×19，也不是完全平方数。剩下的就是7 744了，它正好是88的平方，也是这道题的正确答案。

3.8 能够被19整除的数

题 分析了能够被11整除的数的特征，我们再来看一下能够被19整除的数的特征：一个数去掉个位后得到的数与个位数的两倍的和能够被19整除，这个数就能够被19整除。

解 任意数N可以写成：

$$N=10x+y$$

这里的x指的是N中含有的10的倍数，而不是N的十位上是x，y表示的是N的个位上的数字。我们要证明的是，只有

$$N'=x+2y$$

能够被19整除时，N才能够被19整除。现在，我们把N'扩大10倍，再减去N得到：

$$10N'-N$$
$$=10\ (x+2y)-(10x+y)$$
$$=19y$$

很明显，如果N'是19的倍数，那么

$$N=10N'-19y$$

也是19的倍数；同样，如果N能够被19整除，那么

$$10N'=N+19y$$

也能够被19整除，显然，N'也可以被19整除。

下面，我们来看一个例子，判断47 045 881是否能够被19整除。

这时，我们需要连续使用上述的方法：

```
 4 7 0 4 5 8 8|1
             2
 ---------------
 4 7 0 4 5|9 0
       1 8
 -------------
 4 7 0 6|3
       6
 -----------
 4 7 1|2
     4
 ---------
 4 7|5
 1 0
 -------
 5|7
1 4
 -----
1 9
```

因为19可以被19整除，所以可以判断出57、475、4 712、47 063、470 459、4 704 590、47 045 881也能被19整除。

因此，我们列举的这个数可以被19整除。

3.9 苏菲·热门定理

题 法国著名的数学家苏菲·热门曾经说过：如果一个数可以写成（a^4+4）这种形式，那么这个数就是合数（这里的a不能是1）。

解 a^4+4

$=a^4+4a^2+4-4a^2$

$=(a^2+2)^2-4a^2$

$= (a^2+2)^2 - (2a)^2$

$= (a^2+2+2a)(a^2+2-2a)$

如上所示，(a^4+4) 可以用两个因数的乘积来表示，这两个因数既不等于 (a^4+4)，也不等于1[①]，所以这个数是合数。

3.10 合数数列

如果一个自然数 a（$a \neq 1$）的公约数只有1和它本身，这个数就是质数，也称为素数。当然，质数的个数是无穷无尽的。

以2、3、5、7、11、13、17、19、23、31等开头的质数数列可以无限地延伸，把这些数插入合数中，就把自然数的数列分成了无数的合数区。最长的合数区有多长呢？有没有可能出现一千个连续的合数呢？

其实，质数之间的合数区要多长就有多长，这种长度是没有界限的，尽管令人难以相信，却是不可否认的事实。连续出现的合数可以是一千个、一万个、一百万个、一万亿个……

为了方便，我们引入阶乘符号 $n!$，它表示的是从1到 n 这 n 个连续整数相乘得到的乘积。例如，$5! = 1 \times 2 \times 3 \times 4 \times 5$。现在，我们要证明的是数列：

$$[(n+1)!+2],\ [(n+1)!+3]$$

$$[(n+1)!+4] \cdots [(n+1)!+n+1]$$

是 n 个相连的合数。

这些数是按自然数的顺序依次排列的，相邻的两个数，后面的数比前面的数大1，需要证明的是，这些数都是合数。

第一个数：

①如果 $a \neq 1$，那么，$a^2+2-2a = (a^2-2a+1)+1 = (a-1)^2+1 \neq 1$。

$$(n+1)!+2=1\times2\times3\times4\times5\times\cdots\times(n+1)+2$$

是一个偶数，因为式子中相加的两项里面都含有因数2，而大于2的偶数都是合数。

第二个数：

$$(N+1)!+3=1\times2\times3\times4\times5\times\cdots\times(N+1)+3$$

两个相加的项是3的整数倍，所以也是一个合数。

第三个数：

$$(N+1)!+4=1\times2\times3\times4\times5\times\cdots\times(N+1)+4$$

两个加式项都是4的倍数，因此也是一个合数。

同理可证，下面的这个数：

$$(N+1)!+5$$

是5的倍数，等等。也就是说，这个数列中的每个数的公约数不仅有1和它本身，还有其他的数字，所以这些数都是合数。

如果我们想求5个相连的合数，只要把上面数列中n的值换成5就可以了，这个数列是：

722、723、724、725、726

不过，五个连续的合数组成的数列不是唯一的，还有其他的数列，例如：

62、63、64、65、66

或者更小的数列：

24、25、26、27、28

下面，我们来计算一下这道题：写出10个连续的合数。

我们很容易想到，把n=10代入上面的数列中，求出：

$$1\times2\times3\times4\times5\times\cdots\times10\times11+2=39\ 916\ 802$$

当做所求合数的第一个值，这个数列就是这样的：

39 916 802、39 916 803、39 916 804…

当然，还有其他的符合题意的合数数列，也有比这个数列小得多的数列。

另外，我们可以举出一个具有13个连续合数的数列，而且这些数只比100稍微大一些，这个数列是：

114、115、116、…、126

3.11 质数的个数

连续的合数数列可以是无限长，这不禁让我产生疑问，质数的个数真的是无穷的吗？下面，我们就来证明一下。

证明方法是古希腊的数学家欧几里得发明的，在《几何原本》里有记载，使用的是“反证法”。假设质数的数列是有限的，最后一个质数用字母N表示，数列的乘积是：

$$1\times2\times3\times4\times5\times\cdots\times N=N!$$

加上1得到：

$$N!\ +1$$

这个数是一个合数，除了1和它本身，至少含有一个质因数，也就是可以被一个质数整除。但是在假设中，所有的质数都不会大于N，（$N!\ +1$）也不可能是小于或者等于N的数的整数倍，无论除数是多少，总是余1。

因此，质数的个数是有限的这一假设是不成立的，因为和证明的结果相互矛盾。因此，无论连续的合数的数列有多长，它的后面还有无数个质数。

3.12 已知的最大质数

尽管我们相信质数的个数是无穷的，但我们还是想知道，哪些数才是质数。一个自然数越大，越想知道它是合数还是质数。为此，必须进行相应的计算。到目前为止，我们所知道的最大的质数是：

$$2^{2281}-1$$

这个数用十进制表示有着700多位。通过计算机的运算可以知道，这个数是一个质数。

3.13 非常重要的计算

在实际生活中，有时会使用纯算术计算，如果不借助相应的代数方法，计算起来会非常困难。例如，要计算的是：

$$\frac{2}{1+\frac{1}{90\,000\,000\,000}}$$

的值，这种计算在某些时候是非常重要的。例如，在计算比电磁波的传播速度慢得多的物体的速度时，是否可以采用速度的相加规律，而不用考虑由于相对论引起的力学的变化。在旧的力学原理中，如果一个物体以v_1和v_2（千米／秒）这两种速度参与同向的两种运动，那么，它的总速度就是（v_1+v_2）千米／秒。但是，按照新的相对论力学，物体的总速度是：

$$\frac{v_1+v_2}{1+\frac{v_1v_2}{c^2}}\text{千米／秒}$$

这里的c是光在真空中的传播速度，大约是300 000千米／秒。

我们来看这个列子，一个物体参与同向的两种运动，两种速度都是1千米／秒，按照旧的力学的原理，它的总速度是2千米／秒，但按照新的相对论力学的原理，物体的总速度是：

$$\frac{2}{1+\frac{1}{90\,000\,000\,000}}\text{千米／秒}$$

这两个结果到底相差多少呢？最紧密的仪器是否能够测量出这种差距呢？为了解决这个问题，我们需要进行下面的计算。

我们采用两种方法完成这个计算：一种是通常使用的算术方法，另一种是代数方法。只要看到下面那一长串的数字，就可以知道代数方法的好处了。

首先，把分数转换一下：

$$\frac{2}{1+\frac{1}{90\,000\,000\,000}}=\frac{180\,000\,000\,000}{90\,000\,000\,001}$$

然后，用分子除以分母：

```
180 000 000 000 | 90 000 000 001
                  1.999 999 999 977…
 90 000 000 001
 899 999 999 990
 810 000 000 009
  899 999 999 810
  810 000 000 009
   899 999 998 010
   810 000 000 009
    899 999 980 010
    810 000 000 009
     899 999 800 010
     810 000 000 009
      899 998 000 010
      810 000 000 009
       899 980 000 010
       810 000 000 009
        899 800 000 010
        810 000 000 009
         898 000 000 010
         810 000 000 009
          880 000 000 010
          810 000 000 009
           700 000 000 010
           630 000 000 007
            70 000 000 003
```

通过上面的式子可以看出来，这种计算不仅费时，还容易出错。解这道题的关键是，上面商中的9到底什么时候才会变成其他的数字。

下面我们来比较一下，用代数方式是多么简单。这时，我们要用到一个近似等式：当a是一个非常小的分数时，那么

$$\frac{1}{1+a}\approx 1-a$$

很容易证明这个近似等式，只要把除数和商的乘积与1比较就可以了：

$$1=(1+a)(1-a)$$

也就是：

$$1=1-a^2$$

因为a是一个非常小的分数，那a^2就是一个更小的分数了，因此可以忽略不计。

把上面的理论应用到我们的计算中①：

$$\frac{2}{1+\frac{1}{90\,000\,000\,000}}=\frac{2}{1+\frac{1}{9\times 10^{10}}}$$

$$\approx 2\times(1-0.111\cdots\times 10^{-10})$$

$$=2-0.0\,000\,000\,000\,222\cdots$$

$$=1.9\,999\,999\,999\,777\cdots$$

我们得到的结果和用算术方法得到的一样，但快捷得多。

大家可能会产生疑问，上面列举的这道关于力学的题目到底有什么意义呢？这个结果告诉我们，由于力学中的速度比光速小得多，因此用旧的力学计算出来的偏差不容易察觉，甚至是1千米／秒这样的速度也只是精确到小数点后面第11位，而日常技术的应用中仅仅限于小数点后面的四五位而已。所以我们大胆地断言，新、旧力学在处理比光速小得多的速度时，没有什么差别。但是，在现代生活的某些领域，就不是这样了。比如，航天技术领域的速度大于

①我们还会用到这个近似等式：$\frac{A}{1+a}\approx A(1-a)$。

10千米/秒，在这种情况下，旧的力学和相对论力学的区别就明显了。况且，未来可能会出现更大的速度。

3.14 有时算术比代数更简单

虽然代数在算术中有着重要的作用，但不是所有的时候都适合用代数方法，有时算术更简单。学好数学的关键是，要善于使用合适的方法，用最简单的途径解题，而不是考虑解题的方法是属于算术、代数、几何等。所以，我们要分析一下，什么时候代数会使问题复杂化。下面的这道题就是一个典型的例子：

除以2余数是1，除以3余数是2，

除以4余数是3，除以5余数是4，

除以6余数是5，除以7余数是6，

除以8余数是7，除以9余数是8，

请找出最小的被除数。

解 曾经有人说："这道题太复杂，需要列的方程太多了，很难解。但是，不用方程又解不出来。"

其实，这道题没有想象的那么难解，既不需要列方程，也不需要使用代数，只要用算术推理就可以了。

如果这个被除数加上1，那么，它除以2之后的余数是多少呢？余数是1+1=2。也就是说，现在的这个数可以被2整除。同样，它也可以被3、4、5、6、7、8、9整除。能被2～9整除的数最小的是9×8×7×5=2 520，所以要求的被除数就是2 519。经过检验可以证明这个数是对的。

第4章 刁藩都方程的应用

4.1 买衬衣

题 你在商店里买了一件衬衣，价钱是19卢布，你身上只有面值2卢布的钞票，售货员手中的钞票是5卢布的。请问：你能够付清这件衬衣的钱吗？要怎么支付？

要解这道题就要知道：你需要给售货员几张面值2卢布的钞票，他应该找给你几张面值5卢布的钞票，使它们的差值正好是19卢布。题中有两个未知数，你给售货员的钞票张数x，售货员找给你的钞票张数y，但只能列出一个方程：

$$2x-5y=19$$

虽然一个方程中有两个未知数，可以有无数组解，但要在这些解中找出一组正整数解（x和y指代的是钞票的张数），绝非一件容易的事情。这就是用代数方法来解这类“不确定方程”的原因。古代著名的数学家丢番都首先把这种方法引入到代数中，所以这类方程叫做“丢番都方程”。

我们以上面的题为例，讲解一下该怎么解这种方程。

解 我们知道x、y都是正整数，要求的是方程：

$$2x-5y=19$$

中x和y的值。

我们求解系数较小的那个未知数，得到：

$$2x=19+5y$$

由此得出：

$$x=\frac{19}{2}+\frac{5y}{2}=9+2y+\frac{1+y}{2}$$

因为x、y和9都是整数，只有$\frac{1+y}{2}$也是整数时，上面的等式才成立。假设$\frac{1+y}{2}=t$，那么等式将变成：

$$x=9+2y+t$$

也就是说：

$$2t=1+y，y=2t-1$$

在方程中，用t表示y，得到：

$$x=9+2(2t-1)+t=7+5t$$

现在，我们讨论下面的两个式子：

$$\begin{cases}x=5t+7\\y=2t-1\end{cases}$$

很明显，只要t是整数，x和y就一定是整数。我们知道x和y是正整数，也就是大于0，所以

$$\begin{cases}5t+7>0\\2t-1>0\end{cases}$$

解不等式得：

$$t>\frac{1}{2}$$

既然t是整数，那么，它可能的值是：

$$t=1、2、3、4、\cdots$$

与此相对应，x和y可能的取值是：

$$x=5t+7=12、17、22、27、\cdots$$

$$y=2t-1=1、3、5、7、\cdots$$

现在，我们就知道要如何付钱了。

你可以给售货员12张2卢布的钞票，他会找给你1张5卢布的钞票：

$$2\times12-5=19$$

你也可以给售货员17张2卢布的钞票，他会找给你3张5卢布的钞票：

$$2\times17-3\times5=19$$

等等。

从理论上来看，这道题的解有无数组，但实际上并非如此。因为顾客和售货员持有钞票的数量是有限的，当两个人的钞票张数少于15张时，只能采用第一种付款方式，即顾客使用12张2卢布的钞票，售货员找给顾客1张5卢布的钞票。由此可知，不确定方程中只有几组解符合实际情况。

我们看上道题的变形，希望读者亲自动手求解一下，当做是练习。如果顾客手中的钞票都是5卢布的，售货员手中的钞票是2卢布的，应该怎么付费呢？结果是下面一系列的解：

$$x=5、7、9、11、\cdots$$

$$y=3、8、13、18、\cdots$$

事实证明是对的：

$$5\times5—2\times3=19$$

$$5\times7—2\times8=19$$

$$5\times9—2\times13=19$$

……

我们还可以使用代数方法，从这道题的母题中入手，找出这些解。支付5卢布的钞票就等于找回负的5卢布的钞票，找回2卢布的钞票就相当于支付负的2卢布的钞票，因此，这道题依然可以用母题的方程求解：

$$2x-5y=19$$

条件是x和y的值都是负数。

由等式：

$$\begin{cases}x=5t+7\\y=2t-1\end{cases}$$

得出：

$$\begin{cases}5t+7<0\\2t-1<0\end{cases}$$

解不等式得到：

$$t<-\frac{7}{5}$$

当t的值是-2、-3、-4时，相应的x和y的值是：

$$\begin{cases}x=-3\\y=-5\end{cases}$$

$$\begin{cases}x=-8\\y=-7\end{cases}$$

$$\begin{cases}x=-13\\y=-9\end{cases}$$

第一组解的意思是，顾客支付了负3张2卢布的钞票，找回了负5张5卢布的钞票；也就是说，顾客支付了5张5卢布的钞票，售货员找给顾客3张2卢布的钞票。其他的解可以按照同样的方法解读。

4.2 商店中的账目盘点

题 某一家商店在年底进行账目盘点时，发现其中一份账上的某些数字被墨水覆盖了，变成了下面的样子：

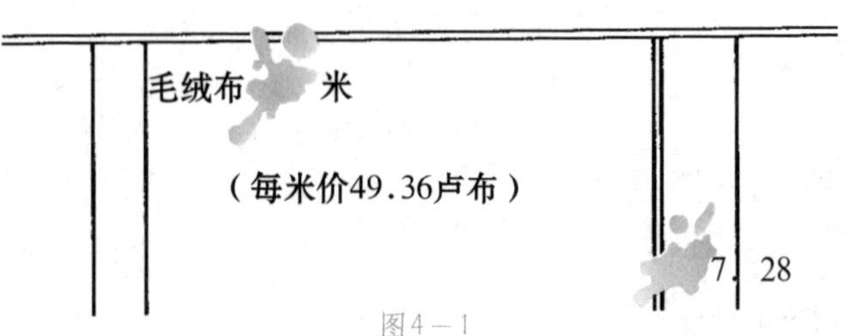

图4－1

虽然不知道卖了多少米毛绒布，但这个数绝对是个正整数；可以看清卖的钱数的最后三位数字，而且可以确定前面有3个数字。

请问：盘点的人员可以根据这些信息恢复账目吗？

解 设卖出毛绒布x米，那么，卖的钱数是4 936x戈比；被盖住的三位数是y，显然y表示的是几千戈比，金额用戈比表示就是：

$$1\ 000y+728$$

列出方程：

$$4\ 936x=1\ 000y+728$$

方程两边同时除以8，得到：

$$617x-125y=91$$

在这个方程里，x和y都是整数，且y是100～999之间的数，因为它是一个三位数。我们用前面的方法解这个方程：

$$125y=617x-91$$

$$y=5x-1+\frac{(34-8x)}{125}$$

$$=5x-1+\frac{2(17-4x)}{125}$$

在上面的式子中，我们把$\frac{617}{125}$写成了$5-\frac{8}{125}$，这样计算起来比较简单。分数$\frac{2(17-4x)}{125}$是一个整数，因为2不能被125整除，所以$\frac{17-4x}{125}$也是一个整数，我们用t来表示它，所以：

$$t=\frac{17-4x}{125}$$

得出：

$$17-4x=125t$$

$$x=4-31t+\frac{1-t}{4}$$

我们假设$t_1=\frac{1-t}{4}$，所以：

$$4t_1=1-t$$

$$t=1-4t_1$$

$$\begin{cases} x=125t_1-27 \\ y=617t_1-134 \end{cases}$$①

已知：

$$100\leqslant y<1\ 000$$

因此：

$$100\leqslant 617t_1-134<1\ 000$$

解不等式得：

$$t_1\geqslant\frac{234}{617}\ 和\ t_1<\frac{1134}{617}$$

所以，t_1的值只能是整数1。相应的解出：

$$\begin{cases} x=98 \\ y=483 \end{cases}$$

也就是说，卖了98米毛绒布，卖的总金额是4 837.28卢布，账目得以恢复。

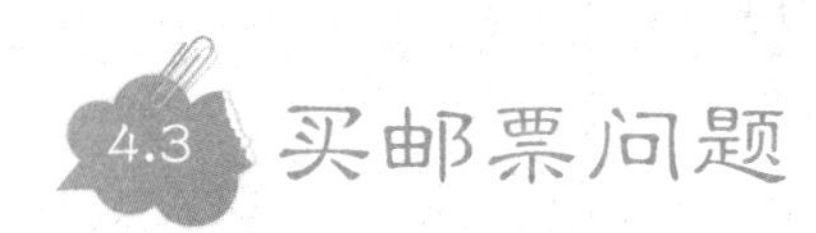

解 设买了x张1戈比的邮票，y张4戈比的邮票，z张12戈比的邮票。这时，有三个未知数，只能列出两个方程：

$$\begin{cases} x+4y+12z=100 \\ x+y+z=40 \end{cases}$$

---

①这里的系数和方程617x−125y=91中的系数相同，只是位置颠倒了一下。这不是偶然的现象，完全可以证明，只要x和y的系数互为质数，就存在这种情况。

用第一个方程减去第二个方程，得到一个含有两个未知数的方程：

$$3y+11z=60$$

由此得到：

$$y=20-11\times\frac{z}{3}$$

很明显，$\frac{z}{3}$是一个整数，用t表示$\frac{z}{3}$，于是

$$y=20-11t$$

$$z=3t$$

把y和z的值代入原始的第二个方程中，得到：

$$x+20-11t+3t=40$$

所以：

$$x=8t+20$$

因为x、y、z的值都大于0，所以t的取值范围是：

$$0\leqslant t\leqslant 1$$

因此，t的值只能是0和1，对应的x、y、z的值是：

$$\begin{cases}x=20\\y=20\\z=0\end{cases}\qquad\begin{cases}x=28\\y=9\\z=3\end{cases}$$

验算一下，看看是否正确：

$$1\times20+4\times20+12\times0=100$$

$$1\times28+4\times9+12\times3=100$$

由于这个人买了三种邮票，所以第二种买法符合题意，即买了28张1戈比的邮票，9张4戈比的邮票，3张12戈比的邮票。

4.4 买水果问题

题 向红花了5卢布买了三种水果共100个，已知：1个西瓜50戈比，1个苹果10戈比，1个李子1戈比。请问：三种水果各买了多少个？（图4-2）

图4－2

解 设买了x个西瓜，y个苹果，z个李子，列出方程组：

$$\begin{cases} 50x+10y+z=500 \\ x+y+z=100 \end{cases}$$

用第一个方程减去第二个方程，得到：

$$49x+9y=400$$

下面的解题步骤是这样的：

$$y=\frac{400-49x}{9}=44-5x+\frac{4\ (1-x)}{9}=44-5x+4t$$

其中，$t=\frac{1-x}{9}$，所以，$x=1-9t$。

$$y=44-5\ (1-9t)\ +4t=39+49t$$

因为x、y、z的值都大于0，所以不等式：

$$1-9t>0,\ 39+49t>0$$

解不等式得到：

$$\frac{1}{9}>t>-\frac{39}{49}$$

所以t的值是0，因此：

$$\begin{cases} x=1 \\ y=39 \\ z=60 \end{cases}$$

所以，向红买了1个西瓜，39个苹果，60个李子。

4.5 猜生日游戏

学会了求解不确定方程，就可以完成下面的猜生日游戏。

如果一个同学用他出生的日子乘以12，出生的月份乘以31，把乘积相加的和告诉你，你就可以推算出他出生的日期。

例如，你的同学是2月9号出生的，那么，他将会完成下面的运算：

$$9\times12=108$$

$$2\times31=62$$

$$108+62=170$$

之后，他会告诉你170这个数，你该如何来确定他的生日呢？

其实，这道题就是解不确定方程：

$$12x+31y=170$$

这里的x和y必须是正整数，而且日子x的值不大于31，月份y的值不大于12：

$$x=\frac{170-31y}{12}=14-3y+\frac{2+5y}{12}=14-3y+t$$

其中，$t=\frac{2+5y}{12}$，所以：

$$2+5y=12t$$

$$y=\frac{12t-2}{5}=2t-\frac{2(1-t)}{5}=2t-2t_1$$

其中，$t_1=\frac{1-t}{5}$，所以，$t=1-5t_1$。因此：

$$\begin{cases} y=2(1-5t_1)-2t_1=2-12t_1 \\ x=14-3(2-12t_1)+1-5t_1=9+31t_1 \end{cases}$$

已知，$0<x\leqslant31$，$0<y\leqslant12$，那么t_1的取值范围是：

$$-\frac{9}{31}<t_1<\frac{1}{6}$$

所以：

$$t_1=0，x=9，y=2$$

也就是说，他的生日是2月9日。

还可以使用另一种方法求解。我们已经知道了，$a=12x+31y$。因为$12x+24y$可以被12整除，所以$7y$和a除以12所得的余数相同。我们发现，把$7y$和a扩大七倍后，所得的结果除以12后的余数也相同。$49y=48y+y$，而$48y$可以被12整除，所以y和$7a$除以12后得到的余数相同。换句话说，如果a不能被12整除，那么y就是$7a$除以12后的余数；如果a能够被12整除，y的值就是12。于是，月份的值就求出来了。有了y的值，很容易求出x的值。

建议：求解$7a$除以12的余数之前，可以用a除以12的余数代替a，这样会简单很多。例如，a的值是170，我们进行下面的计算：

$$170=12\times14+2\ (余数是2)$$

$$2\times7=14$$

$$14=12\times1+2\ (y=2)$$

$$x=\frac{170-31y}{12}=\frac{170-31\times2}{12}=\frac{108}{12}=9\ (x=9)$$

现在，你就知道了，你同学的生日是2月9日。

接下来，我们来证明一下，无论什么时候这个猜生日的游戏只有一组正整数解。假设那个同学告诉你的数是a，那么：

$$12x+31y=a$$

我们来反证一下，假设这个方程有两组正整数解，它们是x_1，y_1和x_2，y_2，且x_1和x_2都不大于31，y_1和y_2都不大于12。于是：

$$\begin{cases}12x_1+31y_1=a\\12x_2+31y_2=a\end{cases}$$

用第一个方程减去第二个方程得到：

$$12(x_1-x_2)+31(y_1-y_2)=0$$

由等式可以得知，12(x_1-x_2)可以被31整除。因为x_1和x_2都是不大于31的正整数，所以它们的差一定小于31。因此，只有当$x1=x2$时，12(x_1-x_2)才能够被31整除。所以假设不成立，方程只能有一组正整数解。

4.6 卖鸡问题

题 弟兄三个人去集市上卖鸡，第一个人带了10只鸡，第二个人带了16只鸡，第三个人带了26只鸡。中午时，他们卖出了一部分，且每只鸡卖的价格都一样。下午的时候，他们降低了鸡的价钱，都以相同的价格卖完了剩下的鸡。三兄弟手中的钱一样多，都是35卢布。请问：他们上午和下午分别是以什么价格卖鸡的？

解 设三兄弟上午卖出的鸡的数量分别是x、y、z，下午卖出的数量则是$(10-x)$、$(16-y)$、$(26-z)$；设上午每只鸡的价格是m，下午每只鸡的价格是n，为了清楚明了，我们用表格表示出来：

卖出的鸡的数量				价格
上午	x	y	z	m
下午	$10-x$	$16-y$	$26-z$	n

第一个人卖鸡得到的钱数是：

$$mx+n(10-x)=35$$

第二个人卖鸡得到的钱数是：

$$my+n(16-y)=35$$

第三个人卖鸡得到的钱数是：

$$mz+n(26-z)=35$$

把三个方程改变形式，得到：

$$\begin{cases}(m-n)x+10n=35\\(m-n)y+16n=35\\(m-n)z+26n=35\end{cases}$$

用第三个方程分别减去第一个、第二个方程得到：

$$\begin{cases}(m-n)(z-x)+16n=0\\(m-n)(z-y)+10n=0\end{cases}$$

用上面第一个方程除以第二个方程得到：

$$\frac{x-z}{y-z}=\frac{8}{5}$$

因为x、y、z都是整数，所以$(x-z)$和$(y-z)$也是整数。因此，要使等式$\frac{x-z}{8}=\frac{y-z}{5}$成立，$(x-z)$必须是8的倍数，$(y-z)$必须是5的倍数。令$t=\frac{x-z}{8}=\frac{y-z}{5}$，得到：

$$\begin{cases}x=z+8t\\y=z+5t\end{cases}$$

我们知道，t是一个正数，而且$x>z$（否则三兄弟最后的钱数不可能一样多）。

因为$x<10$，所以$z+8t<10$。

由于z和t都是正数，只有当$z=t=1$的时候，不等式才成立。把数值代入方程：

$$\begin{cases}x=z+8t\\y=z+5t\end{cases}$$

得出：

$$\begin{cases} x=9 \\ y=6 \end{cases}$$

现在，来看前面的方程组：

$$\begin{cases} (m-n)\ x+10n=35 \\ (m-n)\ y+16n=35 \\ (m-n)\ z+26n=35 \end{cases}$$

把x、y、z的值代入方程组中，得出：

$$\begin{cases} m=3\frac{3}{4} \\ n=1\frac{1}{4} \end{cases}$$

所以，上午每只鸡的价格是3.75卢布，下午每只鸡的价格是1.25卢布。

4.7 求解二次方程

题 上面的那道题中有五个未知数，列出了三个方程，我们没有按照常规的方法求解，而是采用了自由思考的数学思维。下面是一个二次方程，我们也采用上面的方法来求解。

有两个正整数，一大一小，对它们进行下面的运算：把两个数相加；用大的数减去小的数；将它们相乘；用大的数除以小的数。最后，把各项结果相加，和是243。请问：这两个正整数各是多少？

解 设较大的数是x，较小的数是y，列出方程：

$$(x+y)\ +\ (x-y)\ +xy+\ (x\div y)\ =243$$

方程两边同时乘以y，得到：

$$x(2y+y^2+1)=243y$$

因为

$$(2y+y^2+1)=(y+1)^2$$

所以

$$x=\frac{243y}{(y+1)^2}$$

想要x的值是正整数，243必须能够被$(y+1)^2$整除（因为y和$(y+1)$没有公因数）。由于$243=3^5$，可以确定，只有1、3^2、9^2可以整除243。所以，$(y+1)$的值可能是1、3、9。因为x的值是正整数，因此y等于2或者8。

那么，x的值是：

$$x=\frac{243\times 2}{9}=54 \text{ 或者 } x=\frac{243\times 8}{81}=24$$

所以，所求的数是54和2或者24和8。

4.8 这是什么方形

题 有一个边长是整数的长方形，它的面积等于周长，求长方形的长和宽。

解 设长方形的长是x，宽是y，列出方程：

$$2x+2y=xy$$

得出：

$$x=\frac{2y}{y-2}$$

由于x和y都是整数，因此$(y-2)$也是整数，也就是说y的值应该大于2。

因为：

$$x=\frac{2y}{y-2}=\frac{2(y-2)+4}{y-2}=2+\frac{4}{y-2}$$

既然x是整数，所以$\frac{4}{y-2}$也是整数。又因为y大于2，因此y的值只能是3、4或者6。相应的，x的值是6、4、3。

由此可知，题中的图形是长为6、宽为3的长方形，或者是边长为4的正方形。

4.9 成双成对的两位数

题 46和96是一对很有意思的数，把它们的十位和个位对调后，乘积不变。

事实的确如此：

$$46\times 96=64\times 69=4416$$

下面我们来找一找，还有其他的成对的两位数吗？如何把它们都找出来呢？

解 设我们所求的成对的两位数的个位和十位分别是x和y、z和t，列出方程：

$$(10x+y)\ (10z+t)=(10y+x)\ (10t+z)$$

化简得到：

$$xz=yt$$

等式中的x、y、z、t都是小于10的整数。为了找到正确的答案，我们把1～9中乘积相等的数字列出来：

$$1\times 4=2\times 2,\quad 1\times 6=2\times 3,\quad 1\times 8=2\times 4,$$

$$1\times 9=3\times 3,\quad 2\times 6=3\times 4,\quad 2\times 8=4\times 4,$$

$2\times9=3\times6$，　$3\times8=4\times6$，　$4\times9=6\times6$。

一共有9个等式，每个等式中有一组或者两组数符合题意。例如，从等式$1\times4=2\times2$中可以得到一组数：

$$12\times42=21\times24$$

从等式$1\times6=2\times3$中可以找到两组数：

$$\begin{cases}12\times63=21\times36\\13\times62=31\times26\end{cases}$$

把上面的9个等式进行组合，可以得到14组数符合题意：

$12\times42=21\times24$，　$23\times96=32\times69$，

$12\times63=21\times36$，　$24\times63=42\times36$，

$12\times84=21\times48$，　$24\times84=42\times48$，

$13\times62=31\times26$，　$26\times93=62\times39$，

$13\times93=31\times39$，　$34\times86=43\times68$，

$14\times82=41\times28$，　$36\times84=63\times48$，

$23\times64=32\times46$，　$46\times96=64\times69$。

4.10 勾股数

在地面上画垂线有一个简单的方法：任意选一点A，过点A作直线MN，从点A沿AM方向取任意距离a的三倍，终点是B。然后找一条绳子，打上三个结，相邻两个结之间的距离是4a和5a。接着将绳子两端的结固定在点A和点B处，拉紧中间的结（点C）。这样，就构成了一个直角三角形，角A是直角。（图4-3）

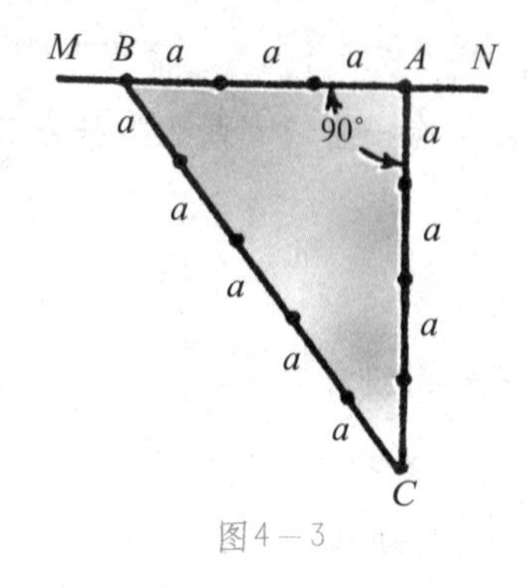

图4—3

这是一个古老的方法，几千年前在修建金字塔的时候，建筑师就使用过这个方法。它的理论依据是：在三角形中，当它的三条边的比例是3 ： 4 ： 5时，由勾股定理可知，这个三角形是直角三角形，因为：

$$3^2+4^2=5^2$$

大家知道，除了3、4、5，还有很多其他的正整数a、b、c满足这种关系：

$$a^2+b^2=c^2$$

这些数字叫做“勾股数”（也称毕达哥拉斯数）。根据勾股定理可知，这些数可以构成直角三角形的三条边，a和b是直角边，c是斜边。

显然，如果a、b、c是一组勾股数，它们乘上一个整数p后，pa、pb、pc也是一组勾股数。反之，如果一组勾股数有一个公因数q，它们除以q后，还是一组勾股数。因此，我们只讨论互为质数的勾股数（因为其他的勾股数是它们乘上p得到的）。

我们知道，在勾股数a、b、c中，两个直角边一个是偶数，另一个是奇数。现在，我们用反证法来证明这个结论是否正确。

如果直角边a和b都是偶数，那么，（a^2+b^2）也一定是偶数，这就意味着斜边也是偶数。也就是说，a、b、c至少有一个公因数2，和a、b、c互为质数相矛盾。因此，必须有一个直角边是奇数。

还有一种可能，两个直角边都是奇数，斜边是偶数。很容易证明，这种假设是错的。如果直角边是（$2x+1$）和（$2y+1$），它们的平方和是：

$$4x^2+4x+1+4y^2+4y+1=4(x^2+x+y^2+y)+2$$

也就是说，斜边的平方除以4后余数是2。但是，任意一个偶数的平方都能够被4整除。也就是说，斜边不是偶数，假设不成立。

因此，在直角边a和b中，其中一个是奇数，另一个是偶数。因此，(a^2+b^2)是奇数，这意味着斜边也是奇数。

如果直角边a是奇数，直角边b是偶数，由勾股定理得出：

$$a^2=c^2-b^2=(c+b)(c-b)$$

等式右边的乘数$(c+b)$和$(c-b)$互为质数。如果它们有一个公因数（1除外），那么，它们的和是：

$$(c+b)+(c-b)=2c$$

它们的差是：

$$(c+b)-(c-b)=2b$$

它们的乘积是：

$$(c+b)(c-b)=a^2$$

也就是说，$2c$、$2b$、a^2有一个公因数。既然a是奇数，这个公因数一定不是2，所以a、b、c可能有一个公因数，但这是不可能的。因此，假设不是错误的，$(c+b)$和$(c-b)$一定互为质数。

如果互为质数的两个数的乘积是一个完全平方数，那么，这两个数也都是完全平方数，即

$$\begin{cases} c+b=m^2 \\ c-b=n^2 \end{cases}$$

解方程组得到：

$$c=\frac{m^2+n^2}{2}$$

$$b=\frac{m^2-n^2}{2}$$

所以：

$$a^2=(c+b)(c-b)=m^2n^2，a=mn$$

于是，我们得到的正整数勾股数就是：

$$a=mn，\ b=\frac{m^2-n^2}{2}，\ c=\frac{m^2+n^2}{2}$$

这里的m和n是互为质数的奇数。反过来，也很容易证明，当m和n是奇数时，一定能够找出勾股数a、b、c。

下面是m和n取不同的奇数时，得到的a、b、c（三个数都小于100）互为质数的所有的勾股数组：

$m=3$， $n=1$： $3^2+4^2=5^2$

$m=5$， $n=1$： $5^2+12^2=13^2$

$m=7$， $n=1$： $7^2+24^2=25^2$

$m=9$， $n=1$： $9^2+40^2=41^2$

$m=11$， $n=1$： $11^2+60^2=61^2$

$m=13$， $n=1$： $13^2+84^2=85^2$

$m=5$， $n=3$： $15^2+8^2=17^2$

$m=7$， $n=3$： $21^2+20^2=29^2$

$m=11$， $n=3$： $33^2+56^2=65^2$

$m=13$， $n=3$： $39^2+80^2=89^2$

$m=7$， $n=5$： $35^2+12^2=37^2$

$m=9$， $n=5$： $45^2+28^2=53^2$

$m=11$， $n=5$： $55^2+48^2=73^2$

$m=13$， $n=5$： $65^2+72^2=97^2$

$m=9$， $n=7$： $63^2+16^2=65^2$

$m=11$， $n=7$： $77^2+36^2=85^2$

勾股数还有其他的特征，我们只是列举出来，不再进行证明：

如果一条直角边小于3，另一条直角边小于4，那么，斜边将会小于5。

希望读者们利用上面的勾股数的特征，自己去验证一下。

4.11 求解三次方程

三个整数的三次方的和可能是另一个整数的三次方。例如：

$$3^3+4^3+5^3=6^3$$

也可以这样说，边长分别是3厘米、4厘米和5厘米的正方体的体积和等于边长是6厘米的正方体的体积（图4−4）。

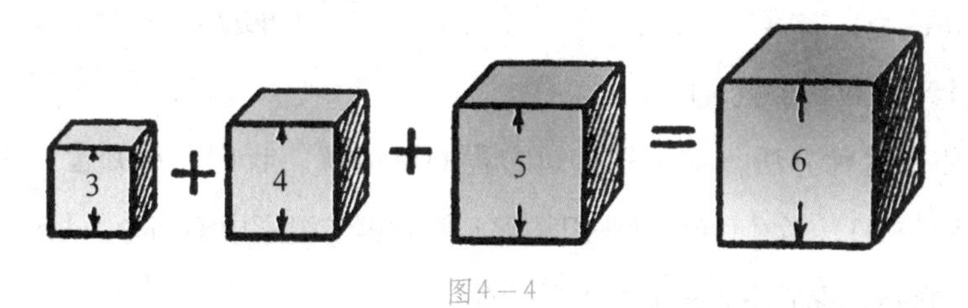

图4—4

接下来，我们看看其他的满足这种关系的等式，也就是求解方程：

$$x^3+y^3+z^3=u^3$$

我们用－t表示u，方程将变为：

$$x^3+y^3+z^3+t^3=0$$

我们来分析一下，有什么办法能够解出这个方程。假如a、b、c、d和α、β、γ、δ是方程的两组解。把第二组解中的四个数扩大k倍，然后和第一组解中的四个对应数相加，但k的值要使相加后的各数

$$a+k\alpha，b+k\beta，c+k\gamma，d+k\delta$$

满足上面的方程。也就是说，k的值要满足下面的等式：

$$(a+k\alpha)^3+(b+k\beta)^3+(c+k\gamma)^3+(d+k\delta)^3=0$$

因为a、b、c、d和α、β、γ、δ 是方程的两组解，所以有下面的等式：

$$\begin{cases} a^3+b^3+c^3+d^3=0 \\ \alpha^3+\beta^3+\gamma^3+\delta^3=0 \end{cases}$$

因此，等式$(a+k\alpha)^3+(b+k\beta)^3+(c+k\gamma)^3+(d+k\delta)^3=0$化简后得到：

$$3k[(a^2\alpha+b^2\beta+c^2\gamma+d^2\delta)+k(a\alpha^2+b\beta^2+c\gamma^2+d\delta^2)]=0$$

上面等式左边的两项至少有一项是零时，乘积才会是零。分别令这两项为零，我们将会得到两个k值。一个是$k=0$，我们不研究这个值，因为这意味着a、b、c、d不加任何数满足方程。因此，我们来看第二个值：

$$k=-\frac{a^2\alpha+b^2\beta+c^2\gamma+d^2\delta}{a\alpha^2+b\beta^2+c\gamma^2+d\delta^2}$$

由此可知，如果知道满足方程的两组解，就可以求出另一组新的解。这组新解的求法是：用第二组解中的四个数分别乘以上面的k值，然后和第一组解中的四个对应数相加就可以了。

要使用这种方法，就必须知道方程的两组解。我们已经知道一组解是（3,4,5，−6），如何找出另一组解呢？假设第二组解中的四个数是r，$-r$，s，$-s$，显然，它们满足最初的方程。令：

$$a=3，b=4，c=5，d=-6；$$

$$\alpha=r，\beta=-r，\gamma=s，\delta=-s$$

因此，k的值为：

$$k=-\frac{-7r-11s}{7r^2-s^2}=\frac{7r+11s}{7r^2-s^2}$$

而$a+k\alpha$，$b+k\beta$，$c+k\gamma$，$d+k\delta$对应的值是：

$$\frac{28r^2+11rs-3s^2}{7r^2-s^2},\frac{21r^2-11rs-4s^2}{7r^2-s^2}$$

$$\frac{35r^2+7rs+6s^2}{7r^2-s^2},\frac{-42r^2-7rs-5s^2}{7r^2-s^2}$$

上面的四个表达式满足方程$x^3+y^3+z^3+t^3=0$，由于分母都相同，可以消去。也就是说，四个分子也满足$x^3+y^3+z^3+t^3=0$这个方程。因此，下面的四个数是方程的解：

$$x=28r^2+11rs-3s^2$$

$$y=21r^2-11rs-4s^2$$

$$z=35r^2+7rs+6s^2$$

$$t=-42r^2-7rs-5s^2$$

为了证明这一点，可以把上面的数先进行三次方，然后再相加。假设赋予r、s不同的值，我们就能得到方程一系列的解。当解中有公因数时，可以除以公因数。例如，$r=s=1$时，我们求出x、y、z、t的值分别是36、6、48、－54，也可以用它们除以公因数6，得到6、1、8、－9这四个数。因此：

$$6^3+1^3+8^3=9^3$$

下面是r和s取不同的值时，得到的一系列等式（除以公因数化简后的）：

$r=1$，　$s=2$：　$38^3+73^3=17^3+76^3$

$r=1$，　$s=3$：　$17^3+55^3=24^3+54^3$

$r=1$，　$s=5$：　$4^3+110^3=67^3+101^3$

$r=1$，　$s=4$：　$8^3+53^3=29^3+50^3$

$r=1$，　$s=-1$：　$7^3+14^3+17^3=20^3$

$r=1$，　$s=-2$：　$2^3+16^3=9^3+15^3$

$r=2$，　$s=-1$：　$29^3+34^3+44^3=53^3$

……………………………………………

我们发现，如果把一组解中的四个数的位置调换一下，使用方法不变，就可以得到一组新的解。例如，把第一组解中的3、4、5、－6变为3、5、4、－6（即$a=3$，$b=5$，$c=4$，$d=-6$），这时x、y、z、t的值分别是：

$$x=20r^2+10rs-3s^2$$

$$y=12r^2-10rs-5s^2$$

$$z=16r^2+8rs+6s^2$$

$$t=-24r^2-8rs-4s^2$$

当r和s取不同的值是，由此得到一系列新的等式：

$r=1$， $s=1$： $9^3+10^3=1^3+12^3$

$r=1$， $s=3$： $23^3+94^3=63^3+84^3$

$r=1$， $s=5$： $5^3+163^3+164^3=206^3$

$r=1$， $s=6$： $7^3+54^3+57^3=70^3$

$r=2$， $s=1$： $23^3+97^3+86^3=116^3$

$r=1$， $s=-3$： $3^3+36^3+37^3=46^3$

……………………………………………

由此可知，用上述方法可以求得方程的无数组解。

4.12 费马定理

曾经，有一道价值10万马克的不确定方程方面的题，只要证明出这道题，就能够得到10万马克的馈赠。

这道题就是证明费马定理：除了二次方，两个同次方的整数和不可能等于另一个整数的同次方。

也就是说，当$n>2$时，方程$x^n+y^n=z^n$没有整数解。

我们知道，方程：

$$x^2+y^2=z^2$$

$$x^3+y^3+z^3=t^3$$

都有无数组解。但是，如果你想找出方程$x^3+y^3=z^3$的正整数解，那是不可能的。

同样，四次、五次、六次方等的正整数解也不存在，这使我们相信费马定理是正确的。

获得馈赠的条件是，证明费马的猜想适用于二次方以上的所有方程。可是直到目前为止[1]，费马定理还没有得到证明。

曾经，许多数学家研究过费马定理，结果只证明了这个定理适用于某一个指数，或者是某一些指数。但是，题中要求的是证明适合所有的指数。

有趣的是，这个定理曾经被证明过，只是后来失传了。17世纪伟大的数学家费马[2]，也就是提出定理的人，声称自己证明了这个定理。他把自己的“伟大猜想”（类似数学理论的其他一系列定理）写在了刁藩都著作的书页上，还附注了一句话：

“我已经找到了证明这个定理的方法，但这里的空间太小了，无法写出来。”

在费马的书信集和书稿中，都没有发现证明定理的方法。因此，后来的学者只能自己想办法证明了。

1797年，欧拉证明了费马定理的三次方和四次方；1823年，勒让德证明了定理的五次方；1840年，拉梅和勒贝格证明了它的七次方（并不需要证明合数次方，因为它们可以转化成质数次方）。直到1849年，库默证明了费马定理中100以内的整数。

这些成果远远超出了费马所熟知的数学范围，至于费马是如何证明自己的定理的，成了永远的谜。而且，他的证明是否正确，也无法考证了。

如果你想了解费马定理的历史和研究状况，你可以去阅读一下*A*.欣钦的《伟大的费马定理》，它向大家介绍了一些基础知识。

---

①《趣味代数学》第一版的出版时间是20世纪上半叶。现在，有许多文章对费马定理进行了证明。

②费马（1601—1665）不是一位职业数学家，他学的是法律，担任过议会参事，在业余时间研究数学。但是，他有许多重要的发现，没有用来发表，而是和学者朋友进行交流。

第5章

开方

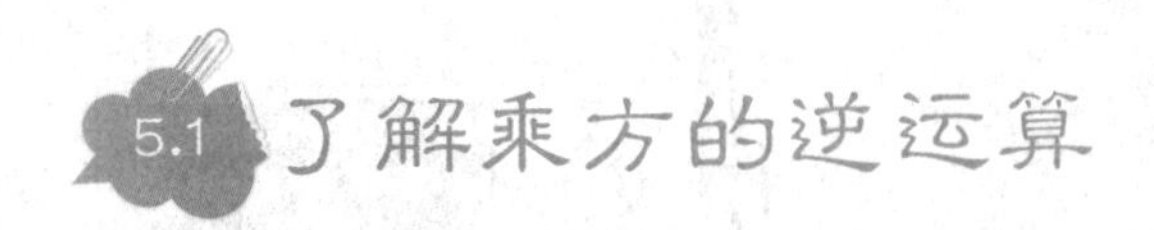

5.1 了解乘方的逆运算

加法和乘法的逆运算是减法和除法，它们都只有一种逆运算。不过，乘方有两种逆运算，那就是求底数和求指数。求底数也称为开方，求指数也称为求对数。其实，不难解释，为什么加法和乘法只有一种逆运算，而乘方有两种逆运算：两个加数的作用是一样的，它们可以对调位置，而结果不变。乘法也是如此；但是，参与乘方运算的数，由于底数和指数不同，它们不能够互换位置。因此，求加法中的两个加数的方法相同，乘法也是。而求乘方中的底数和指数的方法不同。

求底数的运算，也就是开方，符号是$\sqrt{\ }$。你是否知道，它是拉丁文“根”的第一个字母r的变形。在16世纪，根号不是用小写字母r表示的，而是用大写字母R。为了表示开方的次数，还需要在R的后面写上拉丁文“平方”或者拉丁文“立方”的第一个字母，也就是q或者c。比如，现在的

$$\sqrt{4352}$$

在当时的写法是：$R.q.4352$。

当时，加号和减号还不是通用符号，是用字母p和m表示的，括号用「」来表示。现在看来，那时的代数式是多么地与众不同。

例如，著名的数学家邦贝利在1572年的书中有这样一个例子：

$$R.c.[R.q.4352p.16]m.R.c.[R.q.4352m.16]$$

用现在的数学符号表示就是：

$$\sqrt[3]{\sqrt{4352}+16}-\sqrt[3]{\sqrt{4352}-16}$$

这种运算不仅可以用$\sqrt[n]{a}$表示，还可以使用另一种符号$a^{\frac{1}{n}}$，而且后一种符号更直观，它体现了方根就是乘方。16世纪时，荷兰的著名数学家斯泰芬提出了后一种符号。

5.2 两个数比较大小

下面的几道题只要比较出大小就行，不用求方根的具体数值。

题 已知两个数$\sqrt[5]{5}$和$\sqrt{2}$，哪个数比较大？

解 把上面的两个数都进行10次方，得到：

$$(\sqrt[5]{5})^{10}=5^2=25\text{和}(\sqrt{2})^{10}=2^5=32$$

因为32>25，所以$\sqrt{2}$比较大。

题 已知两个数$\sqrt[4]{4}$和$\sqrt[7]{7}$，哪个数比较大？

解 把这两个数都进行28次方，得到：

$$(\sqrt[4]{4})^{28}=4^7=2^{14}=2^7\times 2^7=128^2$$

$$(\sqrt[7]{7})^{28}=7^4=7^2\times 7^2=49^2$$

因为128>49，所以$\sqrt[4]{4}$比较大。

题 已知两个数$\sqrt{7}+\sqrt{10}$和$\sqrt{3}+\sqrt{19}$，哪个数比较大？

解 将两个数都进行平方，得到：

$$(\sqrt{7}+\sqrt{10})^2=17+2\sqrt{70}$$

$$(\sqrt{3}+\sqrt{19})^2=22+2\sqrt{57}$$

两个等式都减去17，得到：

$$2\sqrt{70}\text{和}5+2\sqrt{57}$$

再把两个数平方，得到：

$$280\text{和}253+20\sqrt{57}$$

两个数同时减去253，得到：

$$27\text{和}20\sqrt{57}$$

只要比较这两个数的大小就可以了。

由于$\sqrt{57}$大于2，所以$20\sqrt{57}>40>27$，因此$\sqrt{3}+\sqrt{19}$比较大。

5.3 一眼就能看出答案

题 有这样一个方程

$$x^{x^3}=3$$

求x的值。

解 熟悉代数符号的人很快就能知道答案：

$$x=\sqrt[3]{3}$$

因为：

$$x^3=(\sqrt[3]{3})3=3$$

所以：

$$x^{x^3}=x^3=3$$

这就是要求的答案。

对代数不是很熟悉的人，可以用这种方法求解，令

$$x^3=y$$

那么

$$x=\sqrt[3]{y}$$

于是，方程变成了这种形式：

$$(\sqrt[3]{y})^{y}=3$$

也可以写成乘方的形式：

$$y^{y}=3^{3}$$

显然，$y=3$，所以$x=\sqrt[3]{3}$。

5.4 开方中的滑稽剧

了解了乘方的逆运算，我们来看下面代数学中的两幕滑稽剧：2=3和2×2=5。很明显，大家一看就知道这两个等式是错误的，但它们是怎么得出来的呢？下面，我们来演示一下。

第一幕滑稽剧：

$$2=3$$

首先，“舞台上”会出现一个正确的等式：

$$4-10=9-15$$

接着，等式两边同时加上$6\frac{1}{4}$，等式变形为：

$$4-10+6\frac{1}{4}=9-15+6\frac{1}{4}$$

然后，就开始了下面的变形，滑稽剧的剧情也跟着变化：

$$2^{2}-2\times2\times\frac{5}{2}+\left(\frac{5}{2}\right)^{2}=3^{2}-2\times3\times\frac{5}{2}+\left(\frac{5}{2}\right)^{2}$$

$$\left(2-\frac{5}{2}\right)^{2}=\left(3-\frac{5}{2}\right)^{2}$$

等式两边同时开方，得到：

$$2-\frac{5}{2}=3-\frac{5}{2}$$

在等式两边同时加上$\frac{5}{2}$，得到：

$$2=3$$

那么，究竟是哪个环节出现了错误呢？

错误是：

$$(2-\frac{5}{2})^2=(3-\frac{5}{2})^2$$

是正确的，但推导出来的

$$2-\frac{5}{2}=3-\frac{5}{2}$$

不正确。因为两个数的平方相等，这两个数不一定相等。例如：$(-4)^2=4^2$，但$-4\neq4$。两个数互为相反数时，它们的平方相等，上面的例子就是这种情况：

$$(-\frac{1}{2})^2=(\frac{1}{2})^2$$

但是，$-\frac{1}{2}$绝对不等于$\frac{1}{2}$。

第二幕滑稽剧（图5—1）：

$$2\times2=5$$

也按照上一幕的剧情往下演，先给出一个完全正确的等式：

$$16-36=25-45$$

在等式的两边同时加上一个数$20\frac{1}{4}$，将得到一个新的等式：

$$16-36+20\frac{1}{4}=25-45+20\frac{1}{4}$$

将等式变形为：

$$42-2\times4\times\frac{9}{2}+(\frac{9}{2})^2=52-2\times5\times\frac{9}{2}+(\frac{9}{2})^2$$

$$(4-\frac{9}{2})^2=(5-\frac{9}{2})^2$$

将等式两边同时开方，得到：

$$4-\frac{9}{2}=5-\frac{9}{2}$$

在等式两边同时加上$\frac{9}{2}$，得到：

$$4=5$$

就出现了开始时的$2\times2=5$。

图5—1

第6章

二次方程的应用

6.1 握手问题

题 在举行会议时，与会人员往往需要彼此握手。其中，有个人计算了一下，所有人握手的总数是66，请问：参加会议的人是多少个？

解 设参加会议的人共x个，每个人需要和$(x-1)$个人握手。但是，当你和别人握手时，别人也在和你握手，所以握手的总次数是$\frac{x(x-1)}{2}$，列出方程：

$$\frac{x(x-1)}{2}=66$$

把方程转化为：

$$x^2-x-132=0$$

解方程得：

$$x=\frac{1\pm\sqrt{1+528}}{2}$$

所以：

$$\begin{cases}x_1=12\\x_2=-11\end{cases}$$

在实际生活中，人数不可能是负数，所以我们去掉第二个解，只保留第一个解。因此，参加会议的人是12个。

6.2 有多少只蜜蜂

古印度时期，有一种竞技游戏非常流行，那就是遇到难以解决的问题时就举行公开赛。印度在编写教材时就参考了这种智力竞赛，一个编者说过："在群众集会上，聪明的人可以提出成百上千个题目，智者在解答时，就像阳光一样耀眼，使周围的一切黯然失色。"原书中的题目是用优美的诗体写成的，既押韵又朗朗上口。下面，我们看这样一道题，只是把诗句变成了现代语言。

题 有一群小蜜蜂，一部分在茉莉花丛中采蜜，数量是蜜蜂群一半的平方根，花丛周围的蜜蜂是全部的$\frac{8}{9}$，还有一只小蜜蜂在玫瑰花旁飞翔，它是听到了同伴的呼唤飞去的。请问：这群蜜蜂一共有多少只？

解 设这群蜜蜂共有x只，根据已知条件，列出方程：

$$\sqrt{\frac{x}{2}}+\frac{8}{9}x+2=x$$

为了使方程变得简单，令

$$y=\sqrt{\frac{x}{2}}$$

因此

$$x=2y^2$$

方程变为：

$$2y^2-9y-18=0$$

解方程得到：

$$\begin{cases} y_1=6 \\ y_2=-\frac{3}{2} \end{cases}$$

相应的x的值是：

$$\begin{cases} x_1=72 \\ x_2=4.5 \end{cases}$$

由于蜜蜂的数量应该是正整数，所以去掉x的第二个值，满足题意的只有一个值。因此，这群蜜蜂一共有72只。

6.3 猴子的数量

题 这道题也是古印度竞技游戏中的一道题，Л.列别杰夫翻译完后，写在了他的著作《谁发明了代数》中，下面是具体内容：

有群猴子真淘气，
分成两队玩游戏，
八分之一需平方，
树林就是游戏场，
还有剩余十二只，
跟着伙伴叫吱吱，
所有猴子乐淘淘，
请问猴子共多少？

解 设这群猴子共有x只，列出方程：

$$\left(\frac{x}{8}\right)^2+12=x$$

解方程得到：

$$\begin{cases} x_1=48 \\ x_2=16 \end{cases}$$

因为方程的解是两个正整数，而且都符合题意，所以这群猴子可能是48只，也可能是16只。

6.4 方程的全面性

在前面的几道题中，我们根据题中的条件，对方程的两个解作了相应的处理。在第一道题中，去掉了负数解；在第二道题中，去掉了分数解；第三道题则不同，保留了两个解。当然，这样的例子还很多，这种结果不仅解题的人想不到，就连出题的人都一样。接下来，我们再看一个例子，在这里方程比解题的人考虑得更全面。

有个人把一个球往上抛，球的初速度是25米/秒，请问：经过几秒钟球的高度距离初始位置20米？

解 在不计空气阻力的情况下，向上抛的物体遵循力学中的关系式：

$$h=vt-\frac{1}{2}gt^2$$

其中，h代表的是物体上升的高度，v是物体的初始速度，g表示的是重力加速度，t是物体运动的时间。

这时，空气的阻力可以忽略不计，因为运动的物体的速度较小时，空气的阻力也非常小。为了计算简单，我们取g的近似值10米/秒^2，而不是用通常情况下的9.8米/秒^2（将会产生2%的误差）。接着，把h、v、g的值代入关系式中，得到：

$$20=25t-\frac{10}{2}t^2$$

化简后是：

$$t^2-5t+4=0$$

解方程得到：

$$\begin{cases} t_1=1 \\ t_2=4 \end{cases}$$

因此，向上抛的球有两次处于距离初始位置20米的高度，一次是1秒钟时，第二次是4秒钟时。

这种结果好像令人难以置信，超出了我们思考的范围，因此我们往往会把第二个结果去掉。但是，这种做法是错误的。因为第二个解和第一个解同样有意义，抛出的球的确会两次经过距离初始位置20米高的地方，第一次是往上升的过程中，第二次是往下降的过程中。很容易算出，当球以25米/秒的初速度抛出后，它运动2.5秒后到达最高点，距离初始位置31.25米。也就是说，1秒钟时球到达距离初始位置20米的高度时，还会继续往上运动1.5秒。然后，用相同的时间回到离初始位置20米的地方，再经过1秒钟回到初始位置。

欧拉发明的习题

在司汤达的《自传》中，记录了关于他的许多事情，其中有一件事发生在学生时代，内容是这样的：

“在数学老师那里，我第一次听说了欧拉这个人，也见到了农妇卖鸡蛋那道著名的习题……这一发现对于当时的我有着重要的意义，因为我明白了，在解题方面代数是一个非常好的工具。可是，在此之前没有人告诉过我这一点，真是太过分了……”

下面这道题就是令司汤达印象深刻的那道题，在欧拉的著作《代数学入门》中有着记载。

题 两个农妇一共带了100枚鸡蛋去集市上卖，其中一个农妇带的多些，另一个农妇带的少些，但两个人卖鸡蛋的收入一样多。第一个农妇对第二个农妇说：“如果把你的鸡蛋给我，我能卖15个硬币。”；第二个农妇对第一个农妇说：“假如把你的鸡蛋给我，我能够卖$6\frac{2}{3}$个硬币。”请问：两个农妇各带了多少枚鸡蛋去卖？

设第一个农妇带的鸡蛋的数量是x枚，那么，第二个农妇带的鸡蛋的

数量就是（$100-x$）枚。我们已经知道，第一个农妇卖（$100-x$）枚鸡蛋的收入是15个硬币，因此，她卖的每一枚鸡蛋的价格是：

$$\frac{15}{100-x}$$

同理，第二个农妇所卖的每枚鸡蛋的价格是：

$$6\frac{2}{3}\div x=\frac{20}{3x}$$

现在，我们就可以知道两个农妇卖鸡蛋的收入了：

第一个农妇：

$$x\times\frac{15}{100-x}=\frac{15x}{100-x}$$

第二个农妇：

$$(100-x)\times\frac{20}{3x}=\frac{20(100-x)}{3x}$$

因为两个人卖鸡蛋的收入一样多，所以：

$$\frac{15x}{100-x}=\frac{20(100-x)}{3x}$$

化简后得到：

$$x^2+160x-8\ 000=0$$

解方程得到：

$$\begin{cases}x_1=40\\x_2=-200\end{cases}$$

我们知道，鸡蛋的数量不可能是负数，所以去掉第二个解，只保留正整数的解。因此，第一个农妇带了40枚鸡蛋，第二个农妇带的鸡蛋的数量当然是60枚了。

这道题还可以用另一种方法来解，只是这种方法非常巧妙，一般人不容易想到而已。

假设第二个农妇带的鸡蛋的数量是第一个农妇的k倍，因为她们卖蛋得到的钱数相同，所以第一个农妇卖的鸡蛋的价格是第二个农妇的k倍。如果把她们手中的鸡蛋交换，那么，第一个农妇手中的鸡蛋就是第二个农妇的k倍，而且卖的鸡蛋的价格也是第二个农妇的k倍。也就是说，这时第一个农妇卖鸡蛋的收入是第二个农妇的k^2倍，得出方程：

$$k^2=15\div 6\frac{2}{3}=\frac{45}{20}=\frac{9}{4}$$

解方程得到：

$$k=\frac{3}{2}$$

现在，只要把鸡蛋按照3：2来分配就可以了。这样很容易就能求出，第一个农妇带了40枚鸡蛋去集市，第二个农妇带了60枚鸡蛋。

6.6 扬声器

题 在广场上安装了5个扬声器，一组是2个，另一组是3个，两组扬声器相距50米。请问：在什么地方两组扬声器发出声音的强弱相同？

解 设所求的点距离安装两个扬声器的位置x米，那么，距离三个扬声器的位置是（50－x）米（图6–1）。因为声音的强度和距离的平方是反比关系，所以列出方程：

$$\frac{2}{3}=\frac{x^2}{(50-x)^2}$$

化简后得到：

$$x^2+200x-5\ 000=0$$

解方程得到：

$$\begin{cases}x_1=22.5\\x_2=-222.5\end{cases}$$

正数解是我们题中的答案，声音强度相同的点距离两个扬声器的位置22.5

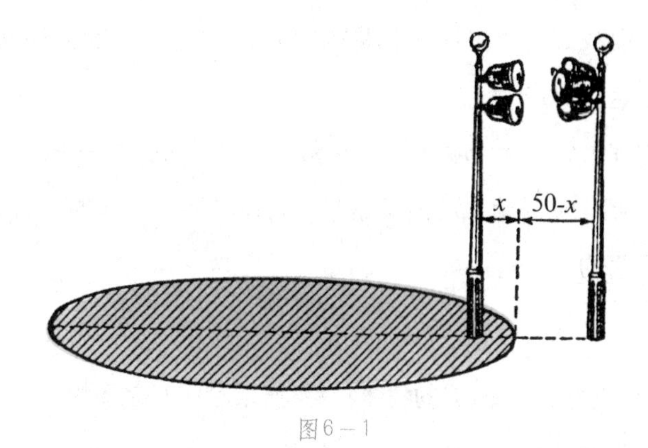

图6－1

米，相应的，距离三个扬声器的位置27.5米。

不过，方程中的负数解是什么意思？有没有具体的含义呢？

当然有着独特的含义。负号表明，第二个声音强度相同的点位于方程中所规定的反方向上。

因此，在距离两个扬声器位置相反的方向222.5米处还有一个点，两组扬声器发出的声音的强度相同。这个点距离三个扬声器的位置272.5（用222.5米加上50米的距离得来的）米。

这样，我们在经过两组扬声器的直线上找到了两个声音强度相同的点。在这条直线上，没有第三个这样的点。当然，在直线外还有这样的点。经过证明得到，这样的点位于一个圆上，我们刚才找到的那两个点正好是这个圆的某条直径的两个端点。正如我们所见到的，这个圆圈住了一个比较大的范围（图16中的阴影部分），在圆内，两个扬声器发出的声音比较大；在圆外，三个扬声器发出的声音比较大。

6.7 天体的引力

在上一道题中，我们找到了两组扬声器声音强弱相同的点，使用相同的方法，我们也可以找到地球和月球这两个天体对火箭的引力相同的点。现在，我们来寻找一下这样的点。

由牛顿定理可知，两个物体的质量和它们之间的引力是正比关系，距离和引力是反比关系。如果地球的质量是M，火箭和地球之间的距离是x，那么，地球对每克火箭的引力是：

$$\frac{Mk}{x^2}$$

k表示的是两个质量是1克的物体相距1厘米时相互之间的引力。

月球对每克火箭的引力是：

$$\frac{mk}{(l-x)^2}$$

m表示的是月球的质量，l是月球到地球的距离（假设火箭不仅位于地球和月球之间，还在它们的连线上）。根据题意列出方程：

$$\frac{Mk}{x^2}=\frac{mk}{(l-x)^2}$$

化简方程得到：

$$\frac{M}{m}=\frac{x^2}{l^2-2lx+x^2}$$

由天文学知识可知，$\frac{M}{m}\approx 81.5$，将数值带入上面的方程中得到：

$$\frac{x^2}{l^2-2lx+x^2}=81.5$$

方程变形后是：

$$80.5x^2-163lx+81.5l^2=0$$

解方程得到：

$$\begin{cases} x_1=0.9l \\ x_2=1.12l \end{cases}$$

和上面那道关于扬声器的题类似，我们可以得到这样的结论：在连接地球和月球的直线上存在两个对火箭引力相同的点，一个点是到地心的距离是地球到月球的距离的0.9倍，另一个点是地月距离的1.12倍。由于地球到月球的距离大约是384 000千米，因此两个点到地心的距离分别是346 000千米和

430 000 千米。

从上题中我们得知，以两点之间的距离作为直径的圆上的点都具有这种性质。让这个圆绕着连接地球和月球的直线旋转，就会形成一个球面，而且球面上的每个点都满足地球和月球对火箭的引力相同这一条件。

这个球确定了月球的引力范围（图6−2），球的直径为：

$$1.12l-0.9l=0.22l\approx 84\ 000\text{千米}$$

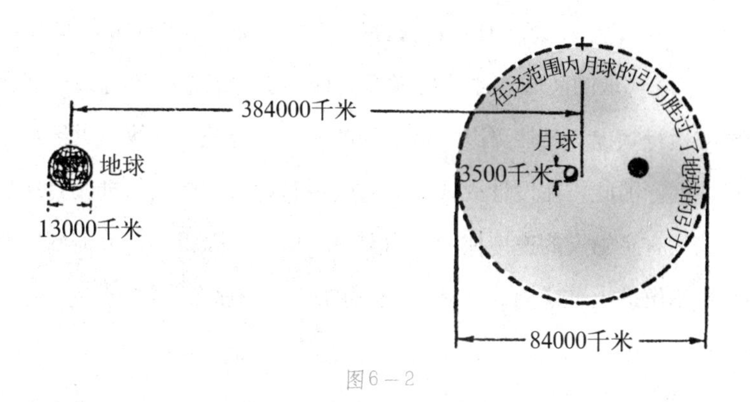

图6−2

一直以来许多人这样认为，火箭进入了月球的引力范围，就可以到达月球。也就是说，只要进入了这个范围，不管火箭的速度如何，都能够降落到月球上，因为这里月球对物体的引力大于地球对物体的引力。如果真是如此，那登月就简单多了，因为这时要克服的困难不是瞄准直径在天空中只有 1/2 度视角的月球，而是瞄准直径为 84000 千米，有着 12 度视角的球形区域。

很明显，这种想法是错误的。

假设从地球上发射一支火箭，随着地球引力的变化火箭的速度不断减小，当进入月球引力的范围时，火箭的速度正好降为零。那么，这支火箭能降落到月球上吗？答案是绝对不可能。

第一，即使在月球的引力范围内，地球的引力依然在起作用。因为在地心和月心的连线之外，月球的引力和地球的引力按照平行四边形的法则形成了一种合力，而且这种合力没有指向月球（只有在地球和月球的连线上，合力才指向月心）。

第二，月球一直处于运动之中，并不是静止不动的。如果我们想知道火箭是否会降落到月球上，就要考虑火箭相对于月球的运行速度。因此，想要让月球把火箭吸引到自己身边，或者把火箭当作卫星控制在自己的引力范围内，那么，火箭相对于月球的运行速度要足够大才可以。

其实，在火箭还没有进入月球的引力范围时，月球的引力就开始影响火箭的运行速度了。火箭在太空中运行的时候，从它进入所谓的月球影响范围——半径为66 000千米的区域，才开始考虑月球的引力问题。这时来分析火箭相对于月球的运行状况，虽然可以忽略地球的引力，但是要计算出火箭相对于月球的运行速度。因此，在设计火箭的运行轨道时，必须使火箭进入月球的引力范围后，仍然有足够大的速度使它飞向月球。由此可以得知，火箭到达月球并不容易，更不像进入直径为84 000千米的球形区域那么简单。

6.8 画中的难题

格丹诺夫·别尔斯基的名画《难题》（图6–3）众所周知，但很少有人去研究画上的难题。这道题的难点在于，用口算快速地说出这个式子的得数：

$$\frac{10^2+11^2+12^2+13^2+14^2}{365}$$

这道题确实不容易口算出来，但对于一位特殊的教师教出来的学生却易如反掌。这位特殊的教师就是画中的那位——大学教授拉钦斯基，他离开自己的自然科学研究室，去乡村当了一名普通的教师。这位天才教师在学校推行口算，让学生熟练地掌握某些数的特征。例如，10、11、12、13、14这五个数就有一个有趣的特征：

$$10^2+11^2+12^2=13^2+14^2$$

图6－3

由于100+121+144=365，因此很容易得出画中难题的答案是2。

代数可以让我们提出更多的关于这种数列的问题。

除了上面的例子，是否还有其他的五个数具备这种特征，前面三个数的平方和等于后面两个数的平方和？

设所求的数列中的第一个数是x，列出方程：

$$x^2+(x+1)^2+(x+2)^2=(x+3)^2+(x+4)^2$$

不过，用x表示数列中的第二个数会更好，这样方程会简单得多：

$$(x-1)^2+x^2+(x+1)^2=(x+2)^2+(x+3)^2$$

化简方程得到：

$$x^2-10x-11=0$$

解方程得到：

$$\begin{cases} x_1=11 \\ x_2=-1 \end{cases}$$

因此，有两组数列具有题中所要求的特征，除了拉钦斯基那一组，还有一组是：

−2、−1、0、1、2

也就是：

$$(-2)^2+(-1)^2+0^2=1^2+2^2$$

6.9 三个连续的整数

题 找出具有这种特征的三个连续的整数：较小的数与较大的数的乘积比中间的数的平方小1。

设所求的三个数中比较小的那个数是x，列出下面的方程：

$$(x+1)^2=x(x+2)+1$$

去掉括号后得到：

$$x^2+2x+1=x^2+2x+1$$

这个等式表明，我们所列的方程是一个恒等式，无论x取什么值，方程都成立。也就是说，只要是三个连续的整数，就具有题中所说的特征。我们任意取三个连续的整数17、18、19，来验证一下：

$$18^2-17\times19=324-323=1$$

如果我们设中间的那个数是x，那么，等式关系就更明显了，我们可以列出下面的这个方程：

$$x^2-1=(x-1)(x+1)$$

显然，这是一个恒等式，x取任何值时都成立。

第7章 最大值和最小值的应用

本章讲的是求最大值和最小值的问题，可以用不同的方法求解这些题目，我们只讲解其中的一种。

俄罗斯著名的数学家Ⅱ.切比雪夫曾在他的著作《论地图制法》中说：“有些计算方法有着重要的意义，因为它们可以解决人们在实践中遇到的各种问题，帮助人们获得最大的收益。”

7.1 两列火车

题 有两条垂直且相交的铁路，两列火车同时从车站出发，从不同的铁路向交叉点驶来。第一列火车开出的车站距离交叉点40千米，行驶的速度是800米/分；第二列火车开出的车站距离交叉点50千米，行驶的速度是600米/分。请问：多长时间后，两个车头之间的距离最短？最短的距离是多少？

解 根据题中的已知条件，我们先画一个示意图（图7–1）。直线AB和直线CD是垂直相交的两条铁路，交点为O，点B和点D是两个车站，OB的距离是40千米，OD的距离是50千米。假设两列火车开出x分钟后，两个车头之间的距离最短，最短距离是$MN=m$。从点B开出的火车x分钟后行驶的距离是$BM=0.8x$，因为它行驶的速度是800米/分等于0.8千米/分。因

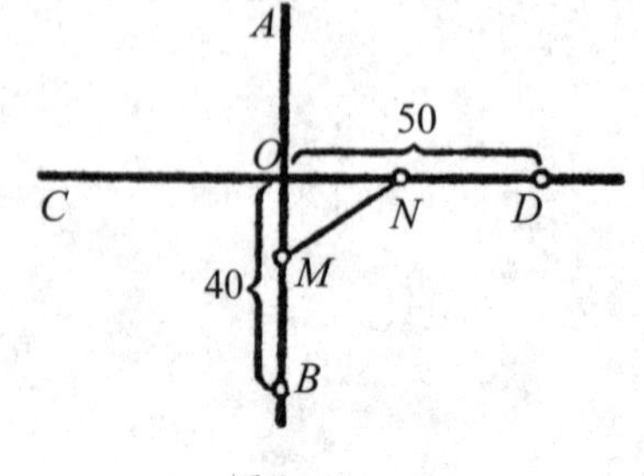

图7－1

此，$OM=40-0.8x$。用同样的方法可以得出$ON=50-0.6x$。根据勾股定理列出方程：

$$MN=m=\sqrt{OM^2+ON^2}=\sqrt{(40-0.8x)^2+(50-0.6x)^2}$$

把$m=\sqrt{(40-0.8x)^2+(50-0.6x)^2}$两边平方后，再化简得到：

$$x^2-124x+4\ 100-m^2=0$$

解方程得到：

$$x=62\pm\sqrt{m^2-256}$$

因为x表示的是分钟数，所以不可能是虚数，被开方的数要么是正数，要么是零。后者正好和m的最小值相吻合，所以

$$m^2=256，即m=16$$

很明显，m的值不能小于16，否则x的值就会是虚数。当$m=16$时，x的值是62。

所以，两列火车开出62分钟后，两个车头的距离最短，最短距离是16千米。

现在，我们来看两个车头的具体位置。先来求OM的距离：

$$OM=40-0.8x=40-0.8\times62=-9.6$$

负号的意思是火车已经过了点O，还向前行驶了9.6千米的距离。

同样，ON的距离是：

$$ON=50-0.6x=50-0.6\times62=12.8$$

这就是说，第二列火车还没有行驶到点O，相差12.8千米。

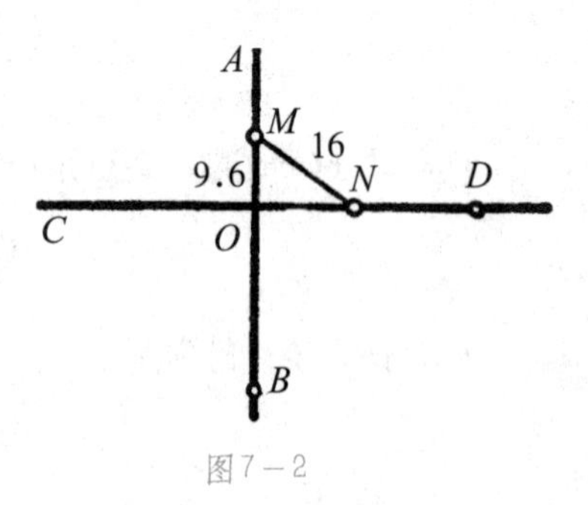

图7－2

这时，两列火车的车头所在的位置（图7－2）已经不是我们所设想的那样了。原来，方程解决了我们思考上的失误，尽管我们之前所画的图不够准确，方程仍然对我们给出了正确的答案。不难理

解，方程会如此的原因是，代数的正负号在起作用。

7.2 站点的位置

题 在一条笔直的铁路对面20千米的地方有一个村庄B，在铁路附近有一个村庄A（图7-3）。从A村到B村去，要先走铁路AC，再走公路CB，已知火车的速度是0.8千米/分，汽车的速度是0.2千米/分。为了使所需的时间最短，站点C应设在什么位置？

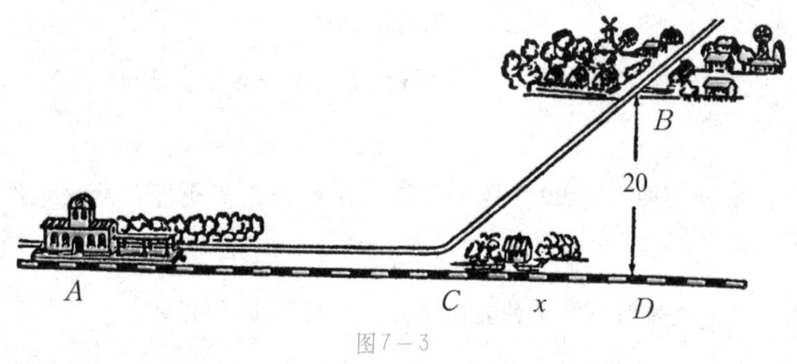

图7－3

解 过点B作垂直于AC的直线BD，垂足是点D。设AD之间的距离是a，CD之间的距离是x。那么，AC的距离是（$a-x$），CB之间的距离是$\sqrt{x^2-20^2}$。火车行驶AC这段距离所用的时间是：

$$\frac{AC}{0.8}=\frac{a\text{-}x}{0.8}$$

汽车行驶CB这段距离所用的时间是：

$$\frac{CB}{0.2}=\frac{\sqrt{x^2-20^2}}{0.2}$$

从A到B需要的时间是：

$$\frac{a\text{-}x}{0.8}+\frac{\sqrt{x^2-20^2}}{0.2}$$

用m表示从从A到B所需的时间，按照题中的要求，m要取最小值。

$$m=\frac{a\text{-}x}{0.8}+\frac{\sqrt{x^2-20^2}}{0.2}$$

把等式变形为：

$$-\frac{x}{0.8}+\frac{\sqrt{x^2-20^2}}{0.2}=m-\frac{a}{0.8}$$

等式两边同时乘以0.8，得到：

$$-x+4\sqrt{x^2-20^2}=0.8m-a$$

令$k=0.8m-a$，上面的等式可以写成$4\sqrt{x^2-20^2}=k+x$，等式两边同时平方，再变形为：

$$15x^2-2kx+6\ 400-k^2=0$$

解方程得到：

$$x=\frac{k\pm\sqrt{16k^2-96000}}{15}$$

因为$k=0.8m-a$，所以m的值最小时，k的值也是最小，反之也成立[①]。但是，为了使x的值是实数，$16k^2$不能小于96 000。也就是说，$16k^2$的最小值是96 000，此时k的值是：

$$k=\sqrt{6000}$$

所以，x的值是：

$$x=\frac{k\pm0}{15}=\frac{\sqrt{6000}}{15}\approx5.16$$

不管a的长度是多少，站点C都应该设在距离点D约是5千米的地方。

当然，只有在x小于a的时候，我们的解才有意义，因为在列方程时，我们的前提条件是（$a-x$）是一个正数。

当$x=a$时，根本没有必要设立站点C，从A直奔B就可以了；在a小于5.16千米时情况也是这样。

这次我们比方程考虑的要周全。如果我们盲目相信方程，不考虑其他的情

①在这里k的值大于零，因为$0.8m=a-x+4\sqrt{x^2+20^2}>a-x+x=a$。

况，就设立一个站点C，岂不是太荒唐了，因为当$x>a$时，在铁路上行驶的时间：

$$\frac{a-x}{0.8}$$

是一个负值。这种情况是非常有意义的，它告诉我们在利用代数解题时，要慎重对待求出的结果。必须谨记一点，在超出所使用的代数依据的前提时，所求的结果就没有意义了。

7.3 修路问题

题 城市A是一个滨河城市，在它下游a千米的地方是城市B，城市B到河岸的距离是d千米（图7-4）。现在要从城市A往城市B运货，已知水路运费是公路运费的一半（按照每吨千米计算），为了使A到B的运费最低，从B到河岸的公路BD要如何修建？

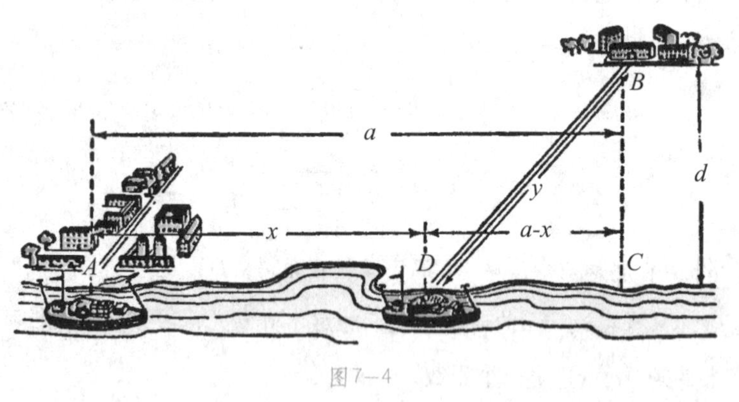

图7—4

解 设AD之间的距离是x，公路BD的长度是y，所需运费的最小值是m。

由题意可知，AC的距离是a，BC的距离是d。因为运费和路程是正比关系，所以列出方程：

$$x+2y=m$$

由于$x=a-DC$，$DC=\sqrt{y^2-d^2}$，于是，方程可以变形为：

$$a-\sqrt{y^2-d^2}+2y=m$$

去掉根号后得到：

$$3y^2-4(m-a)y+(m-a)^2+d^2=0$$

求得：

$$y=\frac{2}{3}(m-a)\pm\frac{\sqrt{(m-a)^2-3d^2}}{3}$$

为了使y是一个实数，$(m-a)^2$不能小于$3d^2$。因此，当$(m-a)^2=3d^2$时，$(m-a)^2$的值最小。那么：

$$m-a=\sqrt{3}d\text{，}y=\frac{2(m-a)+0}{3}=\frac{2\sqrt{3}d}{3}$$

由于$\sin\angle BDC=d\div y$，也就是：

$$\sin\angle BDC=\frac{d}{y}=d\div\frac{2\sqrt{3}d}{3}=\frac{\sqrt{3}}{2}$$

正弦$\sin\frac{\sqrt{3}}{2}$对应的角度是60°，也就是说，无论a的距离多长，修建的公路都要和河流成60°的角。

这道题的解和前面那一道题的解类似，只有在特定的条件下才成立。如果修建的公路BD和河流之间的角度是60°，但是在城市A的另一侧，这个解就不合适了。因为在这种情况下，修建从A到B的公路就可以了，根本不需要再走水路。

7.4 乘积的最大值

为了解决求最大值和最小值的问题，我们介绍一条代数定理，通过下面的具体例题进行讲解。

把一个数分成两部分，使它们的乘积最大。

设这个数是a，分成的两部分表示成：

$$\frac{a}{2}+x，\frac{a}{2}-x$$

这里的x表示的是每一部分和a的半数之间的差值。两部分的乘积是：

$$\left(\frac{a}{2}+x\right)\left(\frac{a}{2}-x\right)=\frac{a^2}{4}-x^2$$

很明显，x的值越小，两部分的差值越大，两部分的乘积也越大。当x的值是零的时候，也就是都等于a的一半时，它们的乘积最大。

由此可知，这个数应该平分。因此，相加和一定的两个数，相等的时候它们的乘积才会最大。

如果是三个数呢，什么时候的乘积最大？

把一个数分成三部分，使它们的乘积最大。

解 我们按照上一道题的解法，来分析这道题。假设把a分成三部分，每一部分都不等于$\frac{a}{3}$，肯定有一部分大于$\frac{a}{3}$，设这一部分是：

$$\frac{a}{3}+x$$

设较小的那一部分是：

$$\frac{a}{3}-y$$

由于x和y都是正数，那么，剩余的第三部分就是：

$$\frac{a}{3}-x+y$$

$\frac{a}{3}$和$\left(\frac{a}{3}+x-y\right)$这两个数的和等于$\left(\frac{a}{3}+x\right)$和$\left(\frac{a}{3}-y\right)$的和，但$\frac{a}{3}$与$\left(\frac{a}{3}+x-y\right)$的差$(x-y)$却小于$\left(\frac{a}{3}+x\right)$与$\left(\frac{a}{3}-y\right)$的差$(x+y)$。由上道

题的结论可知：

$$\frac{a}{3}\left(\frac{a}{3}+x-y\right)$$

的乘积大于后两部分 $\left(\frac{a}{3}+x\right)$ 和 $\left(\frac{a}{3}-y\right)$ 的乘积。

如果把 $\left(\frac{a}{3}+x\right)$ 和 $\left(\frac{a}{3}-y\right)$ 变为 $\frac{a}{3}$ 和 $\left(\frac{a}{3}+x-y\right)$ ，第三部分不变，乘积就会相应地变大了。

假设其中的一部分是 $\frac{a}{3}$，另外的两部分则是：

$\frac{a}{3}+z$，$\frac{a}{3}-z$

如果后面这两部分也都是 $\frac{a}{3}$，那么，三部分的乘积会更大，等于：

$\frac{a}{3}\times\frac{a}{3}\times\frac{a}{3}=\frac{a^2}{27}$

但是，如果把a分成不等的三部分，乘积肯定会小于 $\frac{a^2}{27}$，也就是说，把a平分成三等分时，三个相等的数的乘积最大。

同理可证，四个、五个甚至更多的乘数也适用于这个定理。

下面，我们来看另一种情况。

也可以这样说，当x的值是多少时，表达式：

$$x^p\ (a-x)^q$$

的值最大。

表达式乘以 $\frac{1}{p^p q^q}$ 后，得到一个新的表达式：

$$\frac{x^p\ (a-x)^q}{p^p q^q}$$

显然，新的表达式和原来的表达式在同样的时候取得最大值。

我们把刚才得到的新的表达式写成这种形式：

$$\frac{x}{p}\times\frac{x}{p}\times\frac{x}{p}\times\frac{x}{p}\times\cdots\quad\frac{a-x}{q}\times\frac{a-x}{q}\times\frac{a-x}{q}\times\cdots$$

表达式的和是：　　　　×

$$\frac{x}{p}+\frac{x}{p}+\frac{x}{p}+\frac{x}{p}+\cdots+\frac{a-x}{q}+\frac{a-x}{q}+\frac{a-x}{q}+\cdots$$

$$=\frac{px}{p}+\frac{q(a-x)}{q}$$

$$=x+a-x$$

$$=a$$

也就是说，表达式的和是一个常数。

根据前两道题的结论可知，只有：

$$\frac{x}{p}\times\frac{x}{p}\times\frac{x}{p}\times\frac{x}{p}\times\cdots\times\frac{a-x}{q}\times\frac{a-x}{q}\times\frac{a-x}{q}\times\cdots$$

中的每个乘数都相等的时候，乘积才最大。

也就是说，只有当：

$$\frac{x}{p}=\frac{a-x}{q}$$

时，取得最大值。

把$y=a-x$代入上面的等式，变换形式后得到：

$$\frac{x}{y}=\frac{p}{q}$$

所以，在$(x+y)$的值一定的情况下，只有当$x:y=p:q$时，$x^p y^q$的值才最大。

同理可证，在$(x+y+z)$或者$(x+y+z+t)$的和一定的情况下，当$y:x:z=p:q:r$或者$y:x:z:t=p:q:r:u$的时候，$x^p y^q z^r$或者$x^p y^q z^r t^u$的值最大，等等。

7.5 和的最小值

知道了在和一定的情况下，只有加数相等时，它们的乘积才最大。下面我们就来看一下，当乘积不变时，乘数等于多少时它们的和最小。

题 当两个数的乘积不变时，什么时候两个数的和最小？

解 例如，两个数的乘积是36，两个数的和可能是：

1+36=37，2+18=20，3+12=15

4+9=13，6+6=12

其中，和最小的是6+6=12这一组。

所以，当两个数的乘积一定时，两个数相等的时候，它们的和最小。

题 当三个数的乘积不变时，什么时候它们的和最小？

解 例如，三个数的乘积是216，它们的和可能是：

2+18+6=26，3+12+6=21

6+6+6=18，9+6+4=19

其中，6+6+6=18这一组的和最小。

所以，当三个数的乘积一定时，三个数相等的时候，它们的和最小。

同理，如果n个数的乘积是一个确定值，只有当n个数相等或者相近时，它们的和才最小。

下面，我们来看一下在实际生活中是怎么运用这些定理的。

7.6 方梁

题 有一根圆木，要把它锯成一个方梁，请问：截面是什么形状时方梁的体积最大（图7-5）？

图7－5

解 设截面的长和宽分别是x和y，按照勾股定理得知：

$$x^2+y^2=d^2$$

d表示的是圆木截面的直径，是一个确定的值。

当xy的值最大时，截面的面积最大，也就是方梁的体积最大。而且，当xy的值最大时，x^2y^2的值也最大。因为（x^2+y^2）是一个定值，根据前面的定理可知，当$x^2=y^2$或者$x=y$时，乘积xy的值最大。

所以，方梁的截面是一个正方形时，方梁的体积最大。

7.7 两块土地

题 有一块矩形土地的面积一定，用篱笆把土地圈起来，当长和宽是多少时使用的篱笆最短？

解 设这个矩形的长和宽分别是x和y，那么，矩形的面积是xy，而围着它的篱笆的长度是（$2x+2y$）。当（$x+y$）的值最小时，篱笆的长度也最小。

由于xy的乘积一定，所以当$x=y$时，（$x+y$）的值最小。因此，这时的矩形是一个正方形。

题 有一块矩形的土地，当围着它的篱笆的长度一定的情况下，土地是什么形状时面积最大？

解 如果x和y表示矩形的长和宽，那么，围着它的篱笆的长度就是（$2x+2y$），而土地的面积是xy。当$2x$和$2y$的乘积$4xy$最大的时候，xy的值也最大。

由于（$2x+2y$）的值是一定的，所以当$2x=2y$时，$4xy$的值最大，也就是土地的形状是正方形的时候，土地的面积最大。

因此，正方形除了具有我们熟知的特点外，还有这样一条特征：当矩形的面积一定时，正方形的周长最小；当矩形的周长一定时，正方形的面积最大。

7.8 风筝

题 想要做一个扇形的风筝，扇形的周长一定，如何设计才能使风筝的面积最大呢？

解 设扇形的半径是x，弧长是y，那么，扇形的周长l是：

$$l=2x+y$$

扇形的面积S是（图7–6）：

$$S=\frac{xy}{2}=\frac{x(l-2x)}{2}$$

扇形的面积扩大至4倍时$2x\ (l-2x)$，当扩大后的值达到最大时，扇形的面积也最大。因为$2x\ (l-2x)$中的两个乘数$2x$和$(l-2x)$的和是一个常数l，所以当$2x=(l-2x)$时，两个乘数的乘积最大，由此得到：

$$x=\frac{l}{4}，y=l-2\times\frac{l}{4}=\frac{l}{2}$$

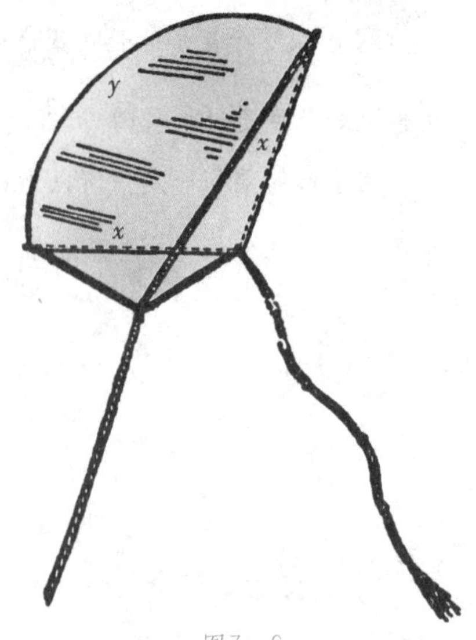

图7–6

因此，如果扇形的周长一定，当弧长是半径的4倍时，扇形的面积最大。这时，扇形的角度大约是115°，等于两个弧度。

7.9 建房

题 把一栋旧房子拆除后，只剩下一面完整的墙。现在，想要在这个旧址上建一栋新房。已知：剩下的墙的长度是12米，新房的面积是112平方米，修缮1米长的旧墙的费用是砌新墙费用的25%，用拆旧墙所得的材料砌新墙时1米的花销是用新材料砌新墙的50%。在这种条件下，如何利用这面旧墙最合理？

解 假设保留的旧墙的长度是x米，新房面积的宽为y米，那么，旧墙中被拆除的部分就是$(12-x)$米，得到的材料用来建新房的墙体（图7–7）。如

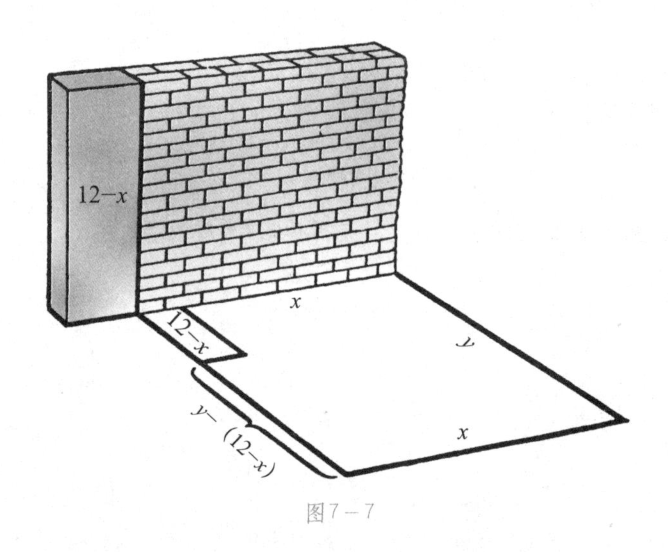

图7—7

果用新材料砌每米新墙的费用是a，那么，修缮x米旧墙的费用就是$\frac{ax}{4}$，用旧料来重建（12－x）米新墙所需的费用是$\frac{a(12-x)}{2}$，这面墙其他部分的花费是$a[y-(12-x)]$，即$a(y+x-12)$。第三面墙需要的费用是ax，第四面墙的费用是ay。所以，整个工程需要的费用是：

$$\frac{ax}{4}+\frac{a(12-x)}{2}+a(y+x-12)+ax+ay=\frac{a(7x+8y)}{4}-6a$$

当（$7x+8y$）的值最小时，上面的表达式的值也最小。因为新房的面积xy的值是112，所以：

$$7x\times 8y=56\times 112$$

由于$7x$和$8y$的乘积是一个常数，所以当$7x=8y$的时候，它们的和最小。此时：

$$y=\frac{7}{8}x$$

将y的值代入方程：

$$xy=112$$

得到：

$$\frac{7}{8}x^2=112$$

解方程得到：

$$x=\sqrt{128}\approx 11.3$$

由于旧墙的长度是12米，因此只要拆掉0.7米就行了。

圈地

题 在盖别墅之前，要先把盖别墅的那块地圈起来。现在，有一个长度是l的栅栏。另外，有一堵围墙可以使用（图7-8）。为了使圈起来的矩形的面积最大，应如何使用长度是l的栅栏？

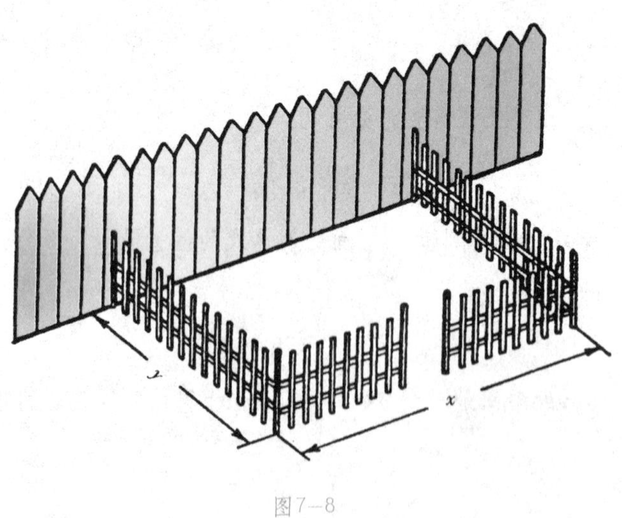

图7-8

解 设用栅栏围起来的矩形的长和宽分别是x和y，为了使矩形的面积最大，围墙需要做矩形的长。因此，栅栏的长度是：

$$x+2y=l$$

圈起来的土地的面积是：

$$S=xy=y\ (l-2y)$$

当面积的2倍$2y\,(l-2y)$的值最大时，面积S的值也会最大。因为表达式$2y\,(l-2y)$中的两个乘数的和是一个常数l，所以当：

$$2y=l-2y$$

时，矩形的面积S的值最大。

因此：

$$\begin{cases} y=\dfrac{l}{4}, \\ x=l-2y=\dfrac{l}{2} \end{cases}$$

所以，当栅栏的长是宽的2倍时，圈起来的矩形的面积最大。

7.11 最大的截面

题 有一块矩形的金属片（图7-9），要用它做一个槽，截面是一个等腰梯形，可以做成各种样子（图7-10）。请问：各个面应该多宽，折成多少度的角（图7-11）才能使这个槽的截面的面积最大？

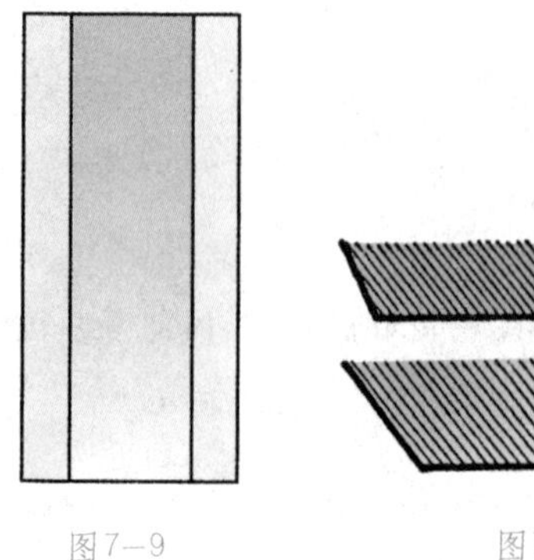

图7—9

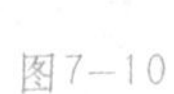

图7—10

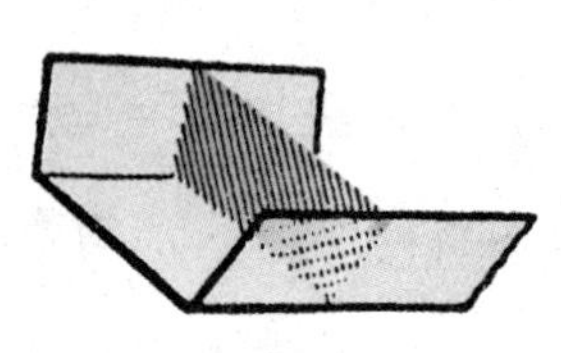

图7—11

解 设矩形金属片的宽是L，被折起的侧面的宽度是x，底面的宽度是y。我们还要引入另一个未知数z，它的意义如图7-12所示。

槽的梯形截面的面积是：

$$S=\frac{(z+y+z+y)}{2}\sqrt{x^2-z^2}=\sqrt{(y+z)^2(x^2-z^2)}$$

这道题的问题是当x、y、z的值是多少时，面积S的值最大。因为（$2x+y$）等于矩形金属片的宽度L，我们把上面的等式变形为：

$$S^2=(y+z)^2\ (x+z)\ (x-z)$$

当S^2取得最大值时，$3S^2$的值也最大，而$3S^2$用乘积的形式表示出来是：

$$(y+z)\ (y+z)\ (x+z)\ (3x-3z)$$

这四个乘数的和是：

$$(y+z)+(y+z)+(x+z)+(3x-3z)=2y+4x=2L$$

这是一个确定的值。所以，只有当四个乘数都相等的时候，也就是：

$$\begin{cases} y+z=x+z \\ x+z=3x-3z \end{cases}$$

时，它们的乘积才最大。

从第一个方程中得到：

$$y=x$$

因为$y+2x=L$，所以上面的等式变为：

$$x=y=\frac{L}{3}$$

从第二个方程中得到：

$$z=\frac{x}{2}=\frac{L}{6}$$

在直角三角形中（图7-12），由于直角边z是斜边x的一半，因此直角边z所对的角度是30°，而槽的底面和斜面的夹角是：

$$90°+30°=120°$$

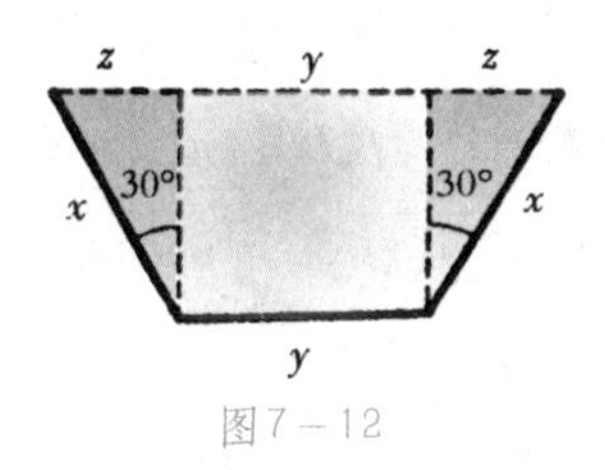

图7－12

所以，当这个槽的侧面折成半个正六边形的三个邻边的形状时，才能使这个槽的截面的面积最大。

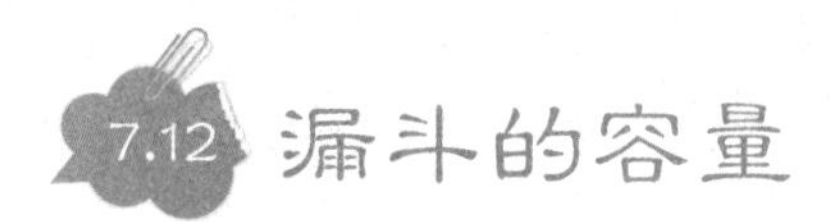

7.12 漏斗的容量

题 有一个圆形的铁片，要用它做漏斗的锥形部分，因此需要剪去一个扇形，然后把剩余的部分卷起来做成一个锥体（图7-13）。为了使锥体的容量最大，剪去的扇形的弧度是多少呢？

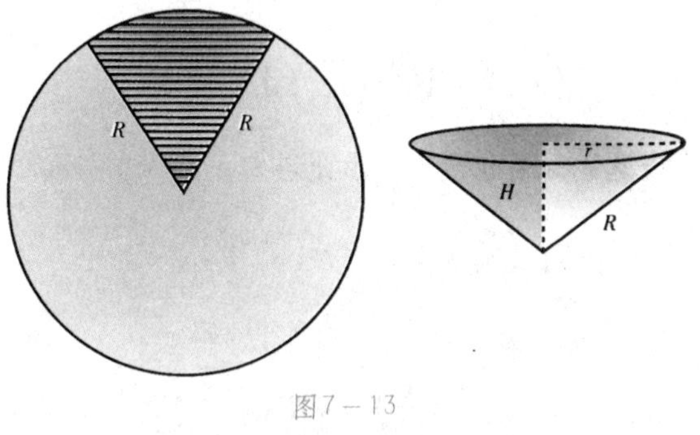

图7－13

解 设做成锥体的那部分铁片的弧长是x，那么，铁片的半径R就成了锥体的母线，x成了锥体底面的周长。如果锥体底面的半径是r，根据等式：

$$x=2\pi r$$

得到：

$$r=\frac{x}{2\pi}$$

根据勾股定理可知，锥体的高度H是：

$$H=\sqrt{R^2-r^2}=\sqrt{R^2-\frac{x^2}{(2\pi)^2}}$$

锥体的体积V是：

$$V=\frac{\pi}{3}r^2H=\frac{\pi}{3}\left(\frac{x}{2\pi}\right)^2\sqrt{R^2-\frac{x^2}{4\pi^2}}$$

当V的值最大时，表达式：

$$\left(\frac{x}{2\pi}\right)^2\sqrt{R^2-\frac{x^2}{4\pi^2}}$$

的值，以及该表达式的平方：

$$[\ (\frac{x}{2\pi})^2\ ]^2[R^2-(\frac{x}{2\pi})]^2$$

的值也最大。由于

$$\left(\frac{x}{2\pi}\right)^2+R^2-\left(\frac{x}{2\pi}\right)^2=R^2$$

是一个常数。所以（根据前面“乘积的最大值”中所证明的结论可知）当x的值满足：

$$\left(\frac{x}{2\pi}\right)^2:[R^2-\left(\frac{x}{2\pi}\right)^2]=2:1$$

时，最后一个表达式的乘积最大。由此得知：

$$\left(\frac{x}{2\pi}\right)^2=2\,[R^2-\left(\frac{x}{2\pi}\right)^2]$$

所以

$$3\left(\frac{x}{2\pi}\right)^2=2R^2$$

解上面的方程得到：

$$x=\frac{2\pi}{3}R\sqrt{6}\approx5.15R$$

所以，制成锥体的扇形的弧度对应的度数是$x\approx295°$，而剪去的扇形的弧度自然就是65°了。

7.13 蜡烛和硬币

题 桌子上有一支点燃的蜡烛，还放着一枚硬币，请问：当蜡烛的烛焰距离桌面多高时硬币被照得最亮？

解 有些人可能会觉得烛焰越低，硬币被照得越亮，因此只要把蜡烛放到最低就可以了。实际上并非如此，烛焰太低时，光线会斜得很厉害；而烛焰太高时，光线又是垂直的，硬币离光源会变远。显然，为了使硬币被照得最亮，烛焰应该处于某一个高度。设烛焰A到桌面的距离是x，垂足是C，点C到硬币B的距离是a（图7—14）。如果烛焰的亮度是i，根据光学定律可知，硬币处的亮度可以表示为：

$$\frac{i}{AB^2}\cos\alpha=\frac{i\cos\alpha}{\sqrt{(a^2+x^2)^2}}=\frac{i\cos\alpha}{a^2+x^2}$$

α指的是光线AB的投射角。因为：

$$\cos\alpha=\cos A=\frac{x}{AB}=\frac{x}{\sqrt{a^2+x^2}}$$

所以，硬币的亮度是：

$$\frac{i}{a^2+x^2}\times\frac{x}{\sqrt{a^2+x^2}}=\frac{ix}{(a^2+x^2)^{\frac{3}{2}}}$$

把等式右边的表达式平方得到：

$$\frac{i^2x^2}{(a^2+x^2)^3}$$

当它的值最大时，平方前的表达式的值也最大。

i^2是一个常数，可以略去不计。

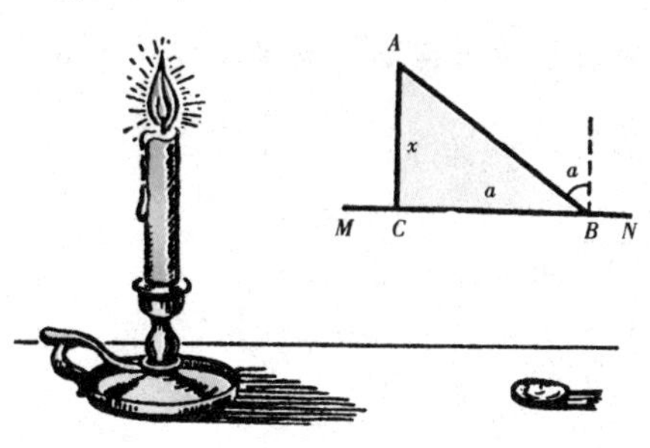

图7—14

表达式的剩余部分可以变化成：

$$\frac{x^2}{(a^2+x^2)^3}$$

$$=\frac{1}{(a^2+x^2)^2}\left(1-\frac{a^2}{a^2+x^2}\right)$$

$$=\left(\frac{1}{a^2+x^2}\right)^2\left(1-\frac{a^2}{a^2+x^2}\right)$$

当上面的表达式的值最大时，表达式：

$$\left(\frac{a^2}{a^2+x^2}\right)^2\left(1-\frac{a^2}{a^2+x^2}\right)$$

的值也最大。因为后面的表达式加入了a^4这个乘数，而它是一个常数，不会影响乘积最大时x的取值。我们经过观察得知，上面两个乘数的底数之和：

$$\frac{a^2}{a^2+x^2}+1-\frac{a^2}{a^2+x^2}=1$$

是一个常数。因此，我们得到这样的结论，当：

$$\frac{a^2}{a^2+x^2}:\left(1-\frac{a^2}{a^2+x^2}\right)=2:1$$

时，所讨论方程的乘积的值最大。

由上面的比例关系，得到方程：

$$2x^2+2a^2-2a^2=a^2$$

解方程得到：

$$x=\frac{a}{\sqrt{2}}\approx 0.71a$$

所以，当烛焰到桌面的距离是硬币到蜡烛投影的水平距离的0.71倍时，硬币被照得最亮。知道了这一比例关系，我们在工作中就能充分利用最佳照明的效果。

第8章

级数的相关知识

8.1 最早的级数

关于两千年前国际象棋发明者的酬金问题的级数还不是最早的级数，最早的应该是记录在埃及著名的林德氏草稿文献中的有关分面包的问题。公元前两千年前这一草稿文献成书，而这道题的摹本源于公元前三千年前的一本数学著作。林德氏草稿文献中收录了许多算术、几何、代数问题，分面包问题就是其中的一个。

题 把100块面包分给五个人，第二个人比第一个人，第三个人比第二个人，第四个人比第三个人，第五个人比第四个人多分的块数一样。而且，前两个人分到的面包数是后三个人总数的七分之一。请问：每个人各分到了几块面包？

解 显然，每个人分到的面包数构成了一个递增的算术级数。设第一个人分到的面包数是x，公差是y，为了清楚地表示每个人与分到的面包数量的关系，我们画一个表格：

人数	第一个人	第二个人	第三个人	第四个人	第五个人
面包数	x	$x+y$	$x+2y$	$x+3y$	$x+4y$

根据题中的已知条件，列出下面的方程组：

$$\begin{cases} x+(x+y)+(x+2y)+(x+3y)+(x+4y)=100 \\ 7\times[x+(x+y)]=(x+2y)+(x+3y)+(x+4y) \end{cases}$$

化简方程组得到：

$$\begin{cases} x+2y=20 \\ 11x=2y \end{cases}$$

解方程得到：

$$\begin{cases} x=1\frac{2}{3} \\ y=9\frac{1}{6} \end{cases}$$

因此，第一个人分到$1\frac{2}{3}$块面包，第二个人分到$10\frac{5}{6}$块面包，第三个人分到20块面包，第四个人分到$29\frac{1}{6}$块面包，第五个人分到$38\frac{1}{3}$块面包。

8.2 用方格纸表示级数

虽然级数有着五千年的悠久历史，但它真正出现在日常的中学教材中却是近几百年的事。三百年前，马格尼茨基编写的一本书，用来当做中学教材长达50多年。尽管这本书中有关于级数的内容，但没有给出相应的公式。由此可

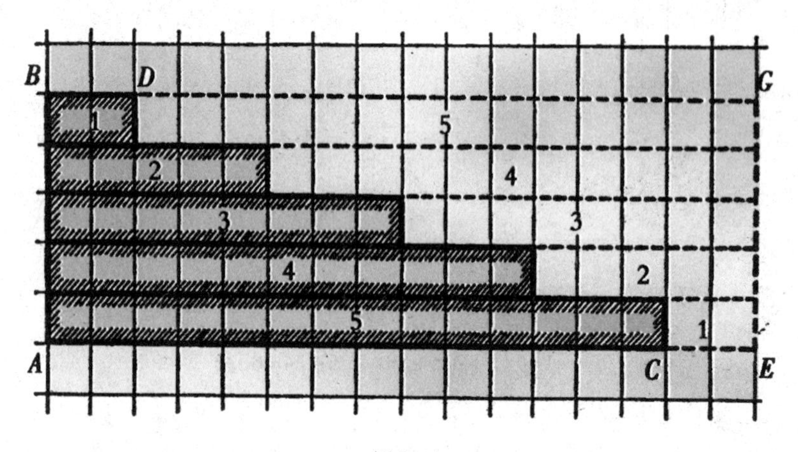

图8－1

见，编者对级数的研究也不是太深。但是，借助于方格纸可以简单地推算出算术级数的求和公式。在方格纸上，算术级数是用台阶图形表示的。图8-1中*ABCD*表示的级数是：

$$2，5，8，11，14$$

为了求该级数的各项和，我们把图形扩张成矩形*ABGE*。因此，得到两个完全相同的梯形*ABDC*和*GECD*。每个图形的面积都等于我们所要求的级数总和，也就是说，级数总和的两倍就是矩形*ABGE*的面积，即

$$(AC+CE)\times AB$$

在上面的代数式中，（*AC*+*CE*）表示的是第一项与第五项的和，*AB*表示的是项数，因此，总和的两倍2*S*可以表示为：

$$2S=（首尾两项之和）\times（项数）$$

那么，级数总和*S*的表达式就是：

$$S=\frac{（首项+末项）\times（项数）}{2}$$

8.3 提水浇菜园

题 有一个菜园，里面种了30畦的菜，每一个菜畦的长和宽分别是16米和2.5米。距离菜园14米的地方有一口水井（图8-2），管理菜园的园丁需要去水井提水浇菜，而且他每次提的水只可以浇一个菜畦，走路时只能走边界。请问：园丁走多少路才能浇完菜园的菜（路程的起点和终点都是水井）？

解 园丁浇第一个菜畦需要走的路程是：

$$14+16+2.5+16+2.5+14=65米$$

图8—2

浇第二个菜畦需要走的路程是：

$$14+2.5+16+2.5+16+2.5+2.5+14=65+5=70\text{米}$$

由此得出，浇下一个菜畦时会比浇上一个菜畦多走5米的路程，因此可以得出算术级数：

$$65, 70, 75, \cdots, 65+5\times29$$

所以，各项的总和是：

$$\frac{(65+65+29\times5)\times30}{2}=4125$$

也就是说，园丁浇完整个菜园的菜需要走4 125米的路程。

8.4 喂鸡问题

题 有个养鸡场养了31只鸡，预计鸡的数量不会发生变化，因此按照每只鸡一个星期1斗的定量预备了一批饲料。实际上，每周会有一只鸡死亡，结果储备的饲料维持了两倍的期限。请问：当时储备了多少饲料？预计喂多长时间？

设储备了x斗饲料，预计使用y周，可以得出方程：

$$x=31y$$

第一周喂鸡消耗的饲料是31斗，第二周消耗的是30斗，第三周消耗的是29斗等，直到预计两倍期限的最后一周，这时消耗的饲料是：

$$(31-2y+1)\text{ 斗}$$[1]

因此，总的存储量x可以表示为：

$$x=31y=31+30+29+\cdots+(31-2y+1)$$

这个算术级数的首项是31，末项是（$31-2y+1$），项数是$2y$，因此各项的总和是：

$$31y=\frac{(31+31-2y+1)\times 2y}{2}=(63-2y)\times y$$

由于y的值不可能是零，方程两边同时除以y，得到：

$$31=63-2y$$

解方程得到：

$$y=16$$

把y的值代入方程$x=31y$，得到：

$$x=496$$

所以，当时储备的饲料是496斗，预计喂养16周。

---

①需要说明各周消耗的饲料数：

第一周　31 斗

第二周　$(31-1)$ 斗

第三周　$(31-2)$ 斗

……………………

第 2y 周　$31-(2y-1)=(31-2y+1)$ 斗

8.5 挖土队

题 校长分配给高三的男生一个任务，在学校里挖一条沟，为此他们组成了一个挖土队。如果全队的人一起干，共需要24小时。实际上，开始时来了一个人，过了一段时间来了第二个人，又过了相同的一段时间来了第三个人，一直这样持续下去，直到最后一个人的到来。通过计算得知，第一个人劳动的时间是最后一个人的11倍。请问：最后一个人劳动了多长时间？

解 设挖土队里的最后一个人劳动的时间是x小时，全队的人数是y。那

图8－3

么，第一个人劳动的时间是$11x$，全队劳动的总时间是一个递减级数的总和，首项是$11x$，末项是x，项数是y，算术级数的总和的表达式是：

$$\frac{(11x+x)\times y}{2}=6xy$$

题中已知条件是，全队的人一起干需要24小时，由此可以得出：

$$24y=6xy$$

在这里，y代表的是人数，不可能等于零，上面等式的两边同时除以y，得到：

$$6x=24$$

解方程得到：

$$x=4$$

因此，挖土队中最后到的一个人只劳动了4小时。

我们已经解答了这道题中的问题，如果想知道挖土队的人数，是求不出来的。尽管方程中有这个未知数y，但由于条件不充足，所以无法解出来。

8.6 卖苹果

题 一个人有一个苹果园，他把所有苹果的一半加上半个卖给了第一位顾客，剩余苹果的一半加上半个卖给了第二位顾客，再剩余苹果的一半加上半个卖给了第三位顾客，一直这样卖下去，到了第七位顾客时，卖给他当时剩余苹果的一半加上半个，苹果刚好卖完。请问：苹果园的主人一共有多少个苹果？

解 设苹果园的主人一共有x个苹果，那第一位顾客买到的苹果的数量是：

$$\frac{x}{2}+\frac{1}{2}=\frac{x+1}{2}$$

第二位顾客买到的苹果的数量是：

$$\frac{1}{2}\left(x-\frac{x+1}{2}\right)+\frac{1}{2}=\frac{x+1}{2^2}$$

第三位顾客买到的苹果的数量是：

$$\frac{1}{2}\left(x-\frac{x+1}{2}-\frac{x+1}{4}\right)+\frac{1}{2}=\frac{x+1}{2^3}$$

第七位顾客买到的苹果的数量是：

$$\frac{x+1}{2^7}$$

因此，得出方程：

$$\frac{x+1}{2}+\frac{x+1}{2^2}+\frac{x+1}{2^3}+\cdots+\frac{x+1}{2^7}=x$$

上面的方程可以写成：

$$(x+1)\times\left(\frac{1}{2}+\frac{1}{2^2}+\frac{1}{2^3}+\cdots\cdots+\frac{1}{2^7}\right)=x$$

化简上面的方程式得到：

$$\frac{x}{x+1}=1-\frac{1}{2^7}$$

解方程得到：

$$x=127$$

所以，苹果园的主人一共有127个苹果。

8.7 买马

在马格尼茨基的著作《算术》中，有这样一道有趣的题，题的大意如下：

有个人花了156卢布买了一匹马，但买后没多久，他就后悔了，把马退给了卖主，说道："用这个价钱买你的马太不划算了，你的马根本就不值这么多钱！"

卖主听完后，改变了卖马的策略，提出这样的条件："如果你觉得买马太贵了，那就买马蹄铁上的钉子好了，买完了所有的钉子，我就把马送给你。每个马蹄铁上有6个钉子，一共有4个马蹄铁。第一个钉子你只要给我$\frac{1}{4}$戈比就行，第二个钉子给$\frac{1}{2}$戈比，第三个给1戈比，依此类推，直到买完所有的钉子。"

买主经不起这种诱惑，想要白白得到一匹马，便接受了卖主的提议，心里想着，所有的钉子肯定超不过10卢布。

请问：买主需要花多少钱买这匹马？

图8—4

解 根据题意可知，4个马蹄铁上钉子的总数是24，也就是说，需要买24个钉子，支付的钱数是：

$$\frac{1}{4}+\frac{1}{2}+1+2+\cdots\cdots+2^{24-3}$$

$$=\frac{2^{21}\times 2-\frac{1}{4}}{2-1}$$

$$=2^{22}-\frac{1}{4}$$

$$=4194303\frac{3}{4}\text{戈比}$$

将近42 000卢布。在这样优厚的条件下，卖主当然可以白白送马了。

8.8 受伤军人得到的抚恤金

1795年，俄罗斯出版了一本数学教科书，书的标题很长，全名是《一本由研究炮兵学的教师施特科·容克尔和数学老师叶菲姆·沃依加霍夫斯基编写的，适于年轻人进行数学练习的纯数学教程》，下面这道题就出自此书。

题 有这样一条规定：军人第一次受伤会得到1戈比的抚恤金，第二次受伤会得到2戈比的抚恤金，第三次受伤是4戈比的抚恤金，依此类推。有一个军人得到了655卢布35戈比的抚恤金，请问：他受过多少次伤？

解 设这位军人受伤的次数是x，根据题中的已知条件，列出等式：

$$1+2+2^2+2^3+\cdots\cdots+2^{x-1}=65\ 535$$

$$\frac{2^{x-1}\times 2-1}{2-1}=65\ 535$$

$$2^x-1=65\ 535$$

$$2^x=65\ 536$$

解方程得到:

$$x=16$$

所以，这个军人一共受过16次伤。

也就是说，在如此“慷慨”的抚恤金发放制度下，一个受过16次伤的军人，并且在保住性命的情况下，才能得到655.35卢布的“赏赐”。

第9章

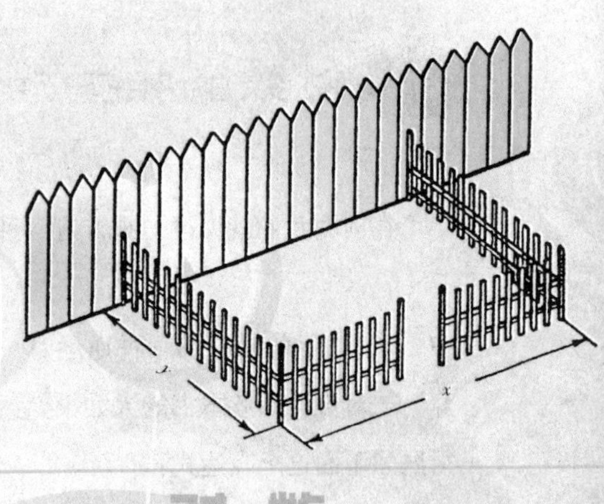

对数

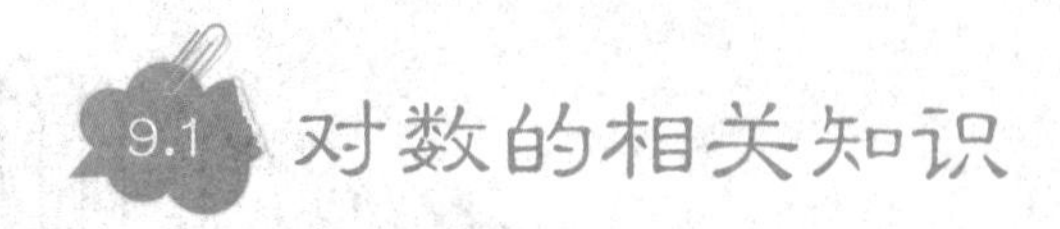

9.1 对数的相关知识

在前面我们就说过，乘方有两种逆运算——求底数和求指数。在

$$a^b=c$$

中，求a的值是乘方的一种逆运算——开方，求b的值则是乘方的另一种逆运算——对数。阅读本书的人如果熟悉中学课程中对数的相关知识，那么，应该很熟悉下面这个表达式：

$$a^{\log_a b}$$

我们知道，如果对数的底数a的乘方的次数等于b的对数，那么，该表达式的结果还是b。

发明对数的目的是使计算简单，而且快速。耐普尔最早发明了对数表，在谈起发明对数的动机时说过这样的话：

“我要尽自己最大的努力，使大家摆脱计算中的困难和繁琐，许多人因为讨厌复杂的计算，失去了学习数学的兴趣。”

的确，对数不但减轻了计算的难度，还使计算变得快捷。况且，在对任意指数开方时，也需要对数的辅助。

拉普拉斯曾经说过：“对数使得几个月的工作可以在几天内完成，相当于把天文学家的寿命延长了一倍。”这位伟大的数学家以天文学家为例的原因是，他们每天都要面对复杂且庞大的计算。而且，拉普拉斯的话适用于所有和数的计算有关的人。

由于我们熟悉了对数，对它的使用带给计算的方便也习以为常，因此很难想象对数刚出现的时候造成的轰动。和对数的发明者耐普尔同时代的人，因为发明十进制对数而声名远播的布利格，在看到耐普尔的著作时说道：“耐普尔那新颖和令人叹为观止的对数，坚定了我用脑和用手工作的决心。希望有机会见到他，因为我从来没有读过使我受益如此多的书。”不久后，布利格去了苏格兰，拜访了耐普尔。在见到耐普尔的时候，布利格说道：

“我这次长途旅行的目的就是见见你，想知道你是靠怎样的聪明才智发明了对数的？它对天文学的研究有着举足轻重的影响！更让我感到诧异的是，你发明的对数看起来那么简单，以前怎么就没有人想到呢？”

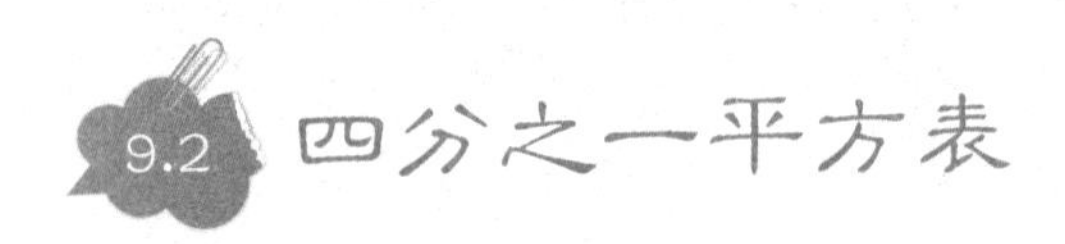

9.2 四分之一平方表

在没有发明对数表的时候，为了提高运算的速度，就出现了一种表——四分之一平方表。在这类表中，乘法是用减法代替的，而不是加法。这类表的依据是：

$$ab=\frac{(a+b)^2}{4}-\frac{(a-b)^2}{4}$$

去掉括号后，很容易证明这是一个恒等式。

有了各个数的平方的四分之一表，不需要进行乘法运算，就可以知道两个数的乘积，只要用这两个数和的平方的四分之一减去它们差的平方的四分之一就可以了。这种表简化了求平方及求平方根，如果和倒数表一起使用，还可以简化除法运算。与对数表相比较，四分之一平方表的优点是，依靠它得到的结果是准确值，而不是近似值。不过，在一些重要的实践领域中，对数表的作用要比它大得多。因为四分之一平方表适用的范围是两个数相乘，但对数表一次可以算出任意多个数的乘积。此外，对数表还可以求某个数的任意次方，求任意指数的方根。例如，四分之一平方表不能计算复杂的利息，对数表却可以。

虽然如此，在各种各样的对数表出现之后，还是出现了一些类似四分之一平方表的表格。1856年，法国出现这样的一个表格，标题是：

“从1到10亿的数字平方表，借助它可以轻易地算出两数的乘积，比对数

更简单、更方便。编制者——亚历山大·科萨尔。”

好多人不知道四分之一平方表早就出现了，还在做着这方面的研究。曾经，有些人发明了类似的表格，兴高采烈地找到我，说自己有了什么新发明。当他们得知，这种表格早就出现了，都非常诧异。

还有其他的各种表格，下面是汇编而成的一览表，包含的项目是：2～1 000的平方、立方、平方根、立方根、倒数、圆周长、圆面积。这些表可以应用于多种技术方面的计算中，但不是任何时候都能得心应手，相对而言，对数的适用范围就广泛多了。

9.3 对数表的发展

在中学里，我们使用的是五位的对数表，现在使用的却是改过后的四位对数表，它完全可以应付技术方面的各种计算。在实际生活中，三位尾数就可以满足需要了，因为日常的量度中，很少有三位以上的有效数字。

不久前人们才发现，对数表的尾数不用太长，短一些也可以。我记得自己在上中学时，使用的是七位的对数表，有很多卷，用起来很不方便。经过激烈的讨论后，七位对数表被淘汰，开始使用五位对数表。不过，七位对数表在1794年出现时，许多人觉得这一发明不符合常理。1624年，英国数学家亨利·布利格编写了最早的十进制对数表，是14位的。几年后，荷兰数学家编写了10位对数表，取代了布利格的14位对数表。

可见，对数表的发展变化是从多位尾数到少位尾数，直到今天也没有完成。因为很多人缺乏这样的认识：量度的准确程度决定了计算的准确程度。也就是说，计算的准确程度是不可能超过量度的准确程度的。

对数表尾数缩短产生的两个实效：（1）对数表的篇幅明显缩短了；（2）使用起来更方便了，与之对应的计算更快捷了。七位对数表需要大开本的200

页左右；五位对数表只需要大开本的30页左右；四位对数表的篇幅是五位对数表的十分之一，大开本的两页就足够了；而三位对数表只需要大开本的1页。

至于计算的速度，我们可以通过比较得知。例如，完成同一种计算，七位对数表花费的时间是五+位对数表的三倍。

9.4 特殊的对数表

在日常的生活和技术中，三四位的对数表就可以满足，但是，在理论研究中，需要的是多位尾数的对数表，甚至会超过布利格的14位对数表。实际上，大多数的对数是无理数，无论用多少位都无法准确地表示出来。因此，对大多数的对数而言，表示出来的只是近似值，尾数的位数越多，就越接近准确值。然而，就算精确到14位的对数表[1]，还是不能应付科研工作的需要。

到目前为止，已经出现了500多种对数表，科研工作者总是能够找到适合自己的。例如，1975年，法国卡莱编写了2～1 200的20位对数表。对于范围更小的数，对数表的位数会更多。

下面是一些巨大的对数表，它们不是常用对数，而是自然对数[2]：

沃尔佛兰姆的48位对数表；

沙尔普的61位对数表；

帕尔克赫斯特的102位对数表；

亚当斯的260位对数表。

我们所说的最后一个并不是表格，而是2、3、5、7、10这五个数所谓的自然对数和一个把它们转换成常用对数的换算因数（也是260位的）。不过，由于有了这五个数的对数，就可以通过简单的加法和乘法，求出许多合数的对数

①布利格对数表的范围是：1～20 000和90 000～101 000中各数的对数。

②常用对数是以10作底，自然对数却是以2.718…作底。关于底的问题，我们以后会讲到。

来。例如，12的对数是2、2、3的对数之和。

其实，可以把计算尺归到特殊的对数中，由于使用起来简单方便，它已经像财务中的算盘一样，成了技术工作者必不可少的工具。这种以对数原理制成的工具非常巧妙，使用者甚至不需要知道什么是对数，就可以运用自如。正是由于这个原因，人们才觉得它没有什么可以神奇的。

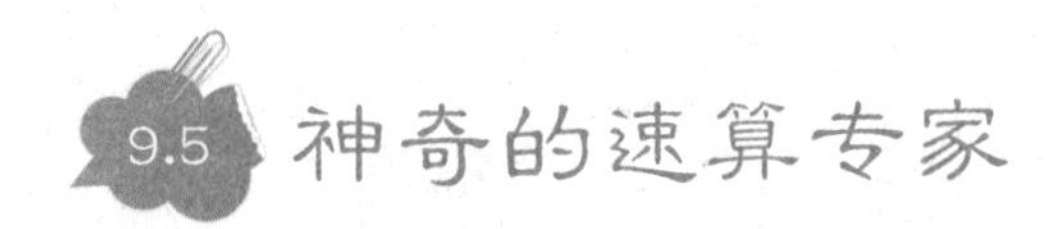

9.5 神奇的速算专家

你从报纸上得知，有一个神奇的速算专家可以用心算的方法计算出多位数的高次方根。于是，在家里用了很长的时间，费力算出了一个数的31次方，想要考倒这位速算专家。你瞄准一个时机，对着专家说道：

“请你求一下这个35位数的31次方根，我来念，你把这个数写下来！”

速算专家拿起一支粉笔，在你还没有说出第一个数字的时候，他已经把答案13写出来了。

连这个35位数是什么都不知道，速算专家竟然求出了它的31次方根，用的不仅是心算的方法，还快如闪电，这真是太神奇了！

你震惊极了，对他佩服得五体投地，因为这里面没有任何玄机。其中的诀窍很简单，只有13的31次方是35位数，比13小的数的31次方不到35位，而比13大的数的31次方多于35位。

不过，速算专家怎么会知道这些呢？他又是怎么求出13这个数的呢？答案是对数，他记熟了所有两位数的对数。其实，记住这些对数没有想象的那么困难，尤其是合数的对数等于它的质因数的对数的和。只要牢记2、3、7[①]的对数，就可以知道前10个数的对数了；要知道接下来的10个数的对数，还需要熟

① $\log^{5}=\log(10\div 2)=1-\log^{2}$。

记四个数的对数。

当你向速算专家提问时，他的心中就有了下面这两组对数表：

真数	对数	真数	对数
2	0.30	11	1.04
3	0.48	12	1.08
4	0.60	13	1.11
5	0.70	14	1.15
6	0.78	15	1.18
7	0.85	16	1.20
8	0.90	17	1.23
9	0.95	18	1.26
		19	1.28

他的神奇之处就在于：

$$\log\sqrt[31]{(35\text{位数})}=\frac{34.\cdots}{31}$$

的对数值在$\frac{34}{31}\sim\frac{34.99}{31}$，也就是1.09～1.13之间。

在这个范围内只存在一个整数的对数，那就是13的对数1.11。让你目瞪口呆的神算专家就是这样求出来的。当然，想要在心里迅速地算出这些，不仅思维要敏捷，还得具备某些专业的技能。但是，这里面没有什么神奇的秘密，只是一个非常简单的游戏，你也可以玩，如果不能做到心算，写在纸上也行。

有人给你出了这样一道题：一个数的64次方是20位数，请求出这个数。

你不用问这个20位的数是什么，就可以直接告诉对方答案，这个数是2。

实际上，$\log\sqrt[64]{(20\text{位数})}=\frac{19.\cdots}{64}$，因此它的上限是$\frac{19}{64}$，下限是$\frac{19.99}{64}$，也就是0.29～0.32之间。在此之间的整数的对数只有一个，那就是2的对数0.30。

最后，你还可以从容地告诉对方，他要说的那个20位的数字就是著名的“国际象棋”数字：

$$2^{64}=18\ 446\ 744\ 073\ 709\ 551\ 616$$

9.6 对数在饲料中的应用

题 饲料的"维持量"[1]（指的是维持机体的热量消耗、体内各种器官的正常工作及细胞的新陈代谢所需要的饲料的最低数量）和动物身体的表面积是正比关系。在相同的条件下，体重630千克的公牛需要的热量是13 500卡路里，请问：体重420千克的公牛需要的饲料维持量是多少？

解 要解答这道题，不仅需要代数知识，还需要几何的帮助。由题中的已知条件可知，要求的卡路里数x和公牛身体的表面积S成正比，即：

$$\frac{x}{13500}=\frac{S}{S_1}$$

S_1表示的是体重630千克的公牛身体的表面积。根据几何知识得知，相似物体的表面积和物体的相应长度l的平方是正比关系，而体积（重量也一样）和相应长度的立方成正比，因此得到下面的等式：

$$\frac{S}{S_1}=\frac{l^2}{{l_1}^2}，\frac{420}{630}=\frac{l^3}{{l_1}^3}$$

由此得到：

$$\frac{l}{l_1}=\frac{\sqrt[3]{420}}{\sqrt[3]{630}}$$

所以，上面的方程可以变为：

$$\frac{x}{13500}=\frac{\sqrt[3]{420^2}}{\sqrt[3]{630^2}}=\sqrt[3]{\left(\frac{420}{630}\right)^2}=\sqrt[3]{\left(\frac{2}{3}\right)^2}$$

---

①它不同于饲料的生产消耗量，后者指的是牲畜成长为产品需要的饲料的数量。

解方程得到：

$$x=13500\sqrt[3]{\frac{4}{9}}$$

$$=10\ 300$$

因此，体重420千克的公牛需要的热量是10 300卡路里。

9.7 对数在音乐中的应用

音乐家大多数对数学不感兴趣，他们对这门学科敬而远之。但是，那些如同普希金笔下的萨利埃里还没有“用代数检验过和声”的音乐家们，接触到数学的次数远远超过了他们的想象，而且还是对数这么“高深度”的内容。

为了证明这一点，我们看一下一位已故的物理学家说过的一段话：

“我的一位中学同学喜欢弹钢琴，但是不喜欢数学。他还说过这样的话，音乐和数学之间没有任何关系。不过，毕达哥拉斯发现了声音和振动之间的关系，但他眼中的音阶不适用于我们的音乐。你可以想象，当我告诉我的同学，他在弹现代钢琴的琴键时就是在弹对数，他是如何的震惊，又是如何的难以置信。”

事实的确如此，等音程半音音节中的“音程”不是按照声音的频率、波长设置的，而是按照这些数量的对数设置的。只是这种对数的底数不是通常情况下的10，而是2。

最低的八音度，也就是我们所说的零八度音，如果其中的音do每秒钟振动的次数是n，那么，第一个八度音的do每秒钟将会振动$2n$次，第m个八音度的do每秒钟振动$n\times 2^m$次。把第一个八度音的基音do当做0，钢琴上半音音阶里的任意一个音为p，那么，第七个音是sol，第九个音就是la，以此类推。由于等音程半音音阶里每一个后面的一个音的频率是前面一个音的频率的$\sqrt[12]{2}$

倍，所有任意一个音（第m八度音里面第九个音）的频率可以表示为：

$$N_{pm}=n\times2^{m}\left(\sqrt[12]{2}\right)^{p}$$

上面等式的两端同时取对数，得到：

$$\log N_{pm}=\log n+m\log2+p\frac{\log2}{12}$$

或者写成：

$$\log N_{pm}=\log n+\left(m+\frac{p}{12}\right)\log2$$

将最低的音do每秒钟振动的次数定为1（也就是n=1），把以2为底数的对数进行转换（或者取log2=1），得到：

$$\log N_{pm}=m+\frac{p}{12}$$

由此可知，钢琴上琴键的序号就是相应音调的频率的对数①。我们也可以这样说，表示八度音的那个号码m就是对数的首数，而表示音调在这个八音度的次序的p②就是对数的尾数。

例如，八度音里的第三个音sol，在$3+\frac{7}{12}$里面，数3是这个音的频率以2为底数的对数的首数，而$\frac{7}{12}$是对数的尾数。因此，音频是最低八音度中的音do的频率的$2^{3.583}$倍，也就是11.98倍。

9.8 对数在恒星和噪音中的应用

这里把风牛马不相及的恒星和噪音放在一起，并不是模仿科济马·普特科夫的作品，而是要说明恒星和噪音中都有对数的身影。

为什么把恒星和噪音放在一起讨论呢？那是因为恒星的亮度和噪音的音量

①这里的对数要乘以12。

②这里的对数要除以12。

都是以对数为标度进行衡量的。

根据恒星的视觉表面亮度的不同，科学家把恒星分为一等星、二等星、三等星等。这些恒星一级级地排列下去，看起来就像算术中级数的各项。不过，它们的实际亮度是按照另一规律变化的：其亮度构成了一个几何级数，公比是$\frac{1}{2.5}$。简单地说就是，星体的等级是实际亮度的对数。例如，一等星的亮度是三等星亮度的$2.5^{(3-1)}$倍，也就是6.25倍。简而言之，天文学家确定星体的表面亮度的依据是底数是2.5的对数表。这些知识我们就不展开讲了，因为在我们的另一本书《趣味天文学》中有着详细的介绍。

噪音的音量也是这样来量度的。工厂里的噪音对厂内的工作人员造成很大的影响，不仅是身体健康方面的，还有工作效率方面的。因此，人们希望可以用数字准确地表示出噪音的音量，并找出减小噪音的有效方法。用来表示音量的单位是“贝尔”，我们最常用的是它的十分之一单位“分贝”。音量不同的噪音1贝尔、2贝尔、3贝尔（也就是10分贝、20分贝、30分贝）等组成了一个算术级数。实际上，这些噪音的强度（准确地说是能量）构成了一个公比为10的几何级数。例如，第一种噪音的音量比第二种噪音的音量高1贝尔，那么，第一种噪音的强度就是第二种噪音强度的10倍。也就是说，用贝尔表示的噪音的音量值是该噪音的强度的常用对数值。

我们通过几个例子，更清楚地认识一下。

树叶沙沙响的音量是1贝尔，大声说话的音量是6.5贝尔，狮子的吼叫声是8.7贝尔。由此可以得出，大声说话的强度是树叶沙沙响的强度的：

$$10^{(6.5-1)}=10^{5.5}=316\ 000\text{倍}$$

狮子吼叫声的强度是大声说话时强度的：

$$10^{(8.7-6.5)}=10^{2.2}=158\text{倍}$$

当噪音的音量超过8贝尔的时候，就会对人体造成危害。但是，很多工厂的噪音都超过了这个标准：那里的噪音通常是10贝尔，甚至更大。例如，锤子敲击钢板的音量大约是11分贝。这些噪音是我们能够忍受的声音强度的

100～1 000倍，是尼亚加拉大瀑布最高声音强度（9分贝）的10～100倍。

在恒星亮度和噪音强度的测量方面，我们用到了感觉度和刺激度之间的对数关系，这并不是偶然的现象。因为这两种现象都符合“费希纳心理物理学定律”，即感觉量和刺激量的对数是正比关系。

由此可知，心理学这一领域也离不开对数。

9.9 对数在照明中的应用

题 被误认为“半瓦特”灯泡的充气灯泡比用同样的金属材料做灯丝的真空灯泡要亮得多，原因就是灯泡内炽热灯丝的温度不同。根据物理学定律可知，白炽情况下物体放射的光线的总量和绝对温度的12次方成正比。明白了这一点，我们来看这个问题：绝对温度（从－273℃算起的温度标）是2 500度的充气灯泡放射的光线总量是灯丝温度为2 200度的真空灯泡的多少倍？

解 设所求的倍数是x，列出方程：

$$x=\left(\frac{2500}{2200}\right)^{12}=\left(\frac{25}{22}\right)^{12}$$

由此得出：

$$\log x=12\ (\log 25-\log 22)$$

$$x=4.6$$

所以，充气灯泡放射的光线总量是真空灯泡的4.6倍。也就是说，如果真空灯泡放射的光线总数相当于50支蜡烛的光线，那么，在相同的条件下，充气灯泡放射的光线总数就相当于230支蜡烛。

题 我们来看另一个问题：绝对温度提高多少才能使灯泡的亮度提高一倍（用百分比表示）？

解 设绝对温度要提高x度，列出方程：

$$\left(1+\frac{x}{100}\right)^{12}=2$$

由此求出：

$$\log\left(1+\frac{x}{100}\right)=\frac{\log 2}{12}$$

$$x=6\%$$

所以，绝对温度提高6%度，灯泡的亮度提高一倍。

题 我们来看最后一个问题：如果灯丝的绝对温度提高1%，那么，它的亮度会提高多少呢（用百分比表示）？

解 设灯泡的亮度会提高x，根据对数表可知：

$$x=1.01^{12}$$

$$x=1.13=113\%$$

所以，灯泡的亮度提高了13%。

通过计算可以知道，灯丝的绝对温度提高2%，灯泡的亮度会提高27%；绝对温度提高3%，灯泡的亮度会提高43%。

这时就会明白，电灯泡的制造技术为什么这么重视提高炽热灯丝的温度，哪怕是一度而已。

9.10 富兰克林的遗嘱

大家都听说过，国际象棋发明者的故事，他要求赏赐给自己的礼物是填充到棋盘上的麦粒的数目。填充的方法是：棋盘上的第一个格放1粒麦子，第二个格放2粒麦子，第三个格放4粒麦子，后一格的是前一格的2倍，一直用2累乘下去，直到第六十四个格为止。

不用说2累乘的结果有多大，即使是用比它小得多的数累乘，增长的速度也非常惊人。把一笔钱存到银行，利息是5%，每年都会增加到原来的1.05倍，这种增长好像不明显。但是，经过很长的一段时间后，存款的数目就会变得相当大。在《本杰明·富兰克林文集》中，有一份关于这位伟大的政治家的遗嘱，就是一个很好的例子，下面是遗嘱的内容：

"现在，我要将自己的1 000英镑赠给波士顿的居民。如果他们想接受这笔钱，那么，就把这笔钱托付给一些德高望重的人士，由他们负责把这笔钱以每年5%的利息借给有需要的年轻手工业者去生息[①]。100年后，这笔钱将会增加到131 000英镑。这时，拿出其中的100 000英镑建造一栋公共建筑物，剩余的31 000英镑继续借出去生息。再过100年后，这笔钱就会增加到4 061 000英镑，其中的1 061 000英镑由波士顿的居民来分配，剩余的3 000 000英镑交给马萨诸塞州的公众管理。以后的事情，我就不再做主了。"

富兰克林把1 000英镑变成了几百万英镑，这里面没有错误，我们可以用计算证明，富兰克林的想法是能够实现的。1 000英镑按照每年1.05倍的速度增长，100年后是：

$$x=1\ 000\times 1.05^{100}\text{英镑}$$

①当时的美国还没有信托机构。

这个表达式可以借助对数来计算：

$$\log x=\log 1\ 000+100\log 1.05=5.11\ 893$$

由此得出：

$$x=131\ 000$$

与遗嘱的内容正好相符。接下来，31 000英镑100年后会变成：

$$y=31\ 000\times 1.05^{100}\text{英镑}$$

借助对数求得：

$$y=4\ 076\ 500$$

这个数字和遗嘱中的结果相差不大。

下面这道题出自萨尔蒂科夫·谢德林的《戈洛夫廖夫老爷们》，希望读者自己动手计算一下。

波尔菲里·符拉基米洛维奇坐在办公室里，桌子上是一张张写满字的草稿纸，他在算一笔账：如果自己出生时爷爷给的100卢布没有被妈妈占有，而是以小波尔菲里的名义存入当铺，现在会变成多少钱呢？答案是800卢布。

如果波尔菲里算这笔账的时候是50岁，他的计算方法也是正确的（虽然这种可能性很小，因为波尔菲里·符拉基米洛维奇也许不懂对数，不一定能够算出如此复杂的利率），试着计算一下当铺的利率。

9.11 不断增长的资金

在银行里存款时，每年的利息会并入本金中。当然，并入的次数越多，钱数增长就越快，因为生息的金额越来越大。假设将100卢布存入银行，年利率是100%。如果利息只能在年末时并入本金，那么，到年底时100卢布会变成200卢布。现在，我们来看另一种情况，利息每半年并入本金一次，半年后100卢布会变为：

$$100\times1.5=150\text{卢布}$$

再过半年变为：

$$150\times1.5=225\text{卢布}$$

如果$\frac{1}{3}$年归并一次，年底时100卢布会变成：

$$100\times\left(1\frac{1}{3}\right)^{3}\approx237.03\text{卢布}$$

假如将归并期限缩短到0.1年、0.01年、0.001年……那么，100卢布到年底时会变为：

$$100\times1.1^{10}\approx259.37\text{卢布}$$

$$100\times1.01^{100}\approx270.48\text{卢布}$$

$$100\times1.001^{1000}\approx271.69\text{卢布}$$

用高等数学的方法可以证明，即使将归并利息的期限无限地缩短，总金额也不会无限地增长，而是会接近一个极限，这个极限大约是：

271卢布83戈比①

对一笔存款而言，即使把归并利息的期限缩短为1秒，资金的增长速度也不会高于2.7183倍。

9.12 无理数e

上面提到的2.718…在高等数学中有着重要的作用，它有一个专门的表示符号——e。这是一个无理数，无法用准确的数字表示出来②，但可以借助式子：

$$1+\frac{1}{1}+\frac{1}{1\times2}+\frac{1}{1\times2\times3}+\frac{1}{1\times2\times3\times4}+\frac{1}{1\times2\times3\times4\times5}+\cdots$$

①戈比中的小数忽略不计。

②它也是一个超越数，即不能由解任何整系数的代数方程得出来。

表达出近似值，可以精确到任何位。

通过上面存款的例子可知，e是当n的值无限大时式子

$$\left(1+\frac{1}{n}\right)^n$$

的极限值。

尽管我们无法在此陈述种种理由，但把e当作对数的底数是非常合适的。这种对数表（自然对数表）已经广泛存在，并且应用于科研中。我们之前提到的48位、61位、102位和260位的对数的底数就是e。

e的出现总是会出乎我们的意料，看这样的一个题目：

把a分成怎样的几部分才能使各部分的乘积最大，要如何分？

我们已经知道，几个数的和在一定的情况下，当它们都相等时，乘积最大。显然，数a应该分成几等分，但到底是几份呢？两份、三份，还是四份？通过高等数学的方法可以确定，当分成的各部分越接近e时，它们的乘积就越大。

例如，当a的值是10的时候，为了使分成的各部分接近2.718…，可以求出：

$$\frac{10}{2.718\cdots}=3.678\cdots$$

的商，也就是要分成的份数。

由于无法把10分成3.678…等分，所以要取一个近似的整数4作为除数。这时，我们可以得出，把10平均分成4份，每份是2.5，各部分的乘积是：

$$(2.5)^4=39.0625$$

实际上的确如此，当把10分成3份或者5份的时候，所得的乘积分别是：

$$\left(\frac{10}{3}\right)^3=37$$

$$\left(\frac{10}{5}\right)^5=32$$

都小于39.0625。

把20分成7等分时，各部分的乘积最大，因为：

$$20\div 2.718\cdots=7.36\cdots\approx 7$$

为了得到50和100的各部分乘积的最大值，应该把它们分别分为18等分和37等分，因为：

$$50 \div 2.718\cdots = 18.4\cdots$$

$$100 \div 2.718\cdots = 36.8\cdots$$

另外，e在物理学、天文学及其他的领域都有着巨大的作用，下面这些例子在用数学进行分析时都会用到e：

气压公式（气压随着高度的升高而减小）；

欧拉公式[1]；

物体的冷却定律；

放射性衰变与地球年龄；

摆针在空气中的摆动；

齐奥尔·科夫斯基计算火箭速度的公式[2]；

细胞的增殖。

9.13 对数中的滑稽剧

题 这幕滑稽剧证明的是“不等式2>3”这个问题，在过程中会涉及对数，是由下面的等式开始的：

$$\frac{1}{4} > \frac{1}{8}$$

这个不等式绝对是正确的。接着，将它变形为：

$$\left(\frac{1}{2}\right)^2 > \left(\frac{1}{2}\right)^3$$

①在《星际旅行》一书中有详细介绍。

②在《物理学中的难解之谜》一书中，“儒勒·凡尔纳的大力士与欧拉的公式”一节中有介绍。

变形后也是正确的。数大的对数也大，所以：

$$2\log_{10}\left(\frac{1}{2}\right) > 3\log_{10}\left(\frac{1}{2}\right)$$

两边同时除以$\log_{10}\left(\frac{1}{2}\right)$，得到：

$$2>3$$

这个证明的错误出在哪里呢？

解　错误就是在除以$\log_{10}\left(\frac{1}{2}\right)$之后，没有改变不等式的符号（>变为<），这一步是一定要有的，因为$\log_{10}\left(\frac{1}{2}\right)$的值是一个负数。（如果我们使用的对数的底数不是10，而是小于$\frac{1}{2}$的数b，那$\log_b\left(\frac{1}{2}\right)$的值就是一个正数。所以，我们就不能不考虑对数的底来说数（复数）越大其对数也越大了。

9.14 三个2表示任意正整数

在本书的最后一节，我们来看一道绝妙的代数题，它曾经在奥德萨召开的物理学代表大会上被提出来，令与会者惊讶不已。

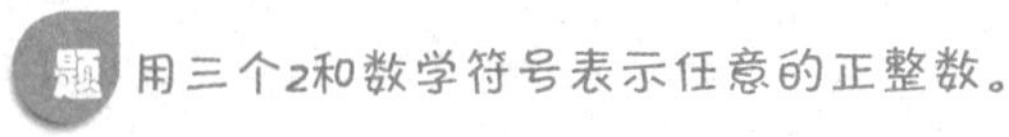

题　用三个2和数学符号表示任意的正整数。

解　我们假设已知的数是3，可以这样来表示：

$$3=-\log_2\log_2\sqrt{\sqrt{\sqrt{2}}}$$

这个等式很容易证明，因为：

$$\sqrt{\sqrt{\sqrt{2}}}=[(2^{\frac{1}{2}})^{\frac{1}{2}}]^{\frac{1}{2}}=2^{\frac{1}{2^3}}=2^{2^{-3}}$$

$$\log_2 2^{2^{-3}} = 2^{-3}$$

$$-\log_2 2^{-3} = 3$$

如果已知的数是5，得到的表达式是：

$$5 = -\log_2 \log_2 \sqrt{\sqrt{\sqrt{\sqrt{\sqrt{2}}}}}$$

在此，我们使用了在平方根号上不用写出根指数的惯例。其实，这道题可以这样解，如果已知的数是N，会得到下面的表达式：

$$N = -\log_2 \log_2 \sqrt{\sqrt{\sqrt{\cdots\sqrt{2}}}}$$

根号的个数等于已知的数N。